新型农民现代农业技术与技能培训丛书

甜瓜园艺工培训教材

陶永红　张玉鑫　编著

金盾出版社

内 容 提 要

本书是“新型农民现代农业技术与技能培训丛书”的一个分册，由甘肃省农科院蔬菜研究所和武威市民勤县农技中心专家编著。内容包括：甜瓜园艺工的岗位职责与素质要求及须具备的基础知识，甜瓜育苗技术，保护地和露地甜瓜栽培技术，甜瓜病虫害防治技术，甜瓜采后处理技术和甜瓜生产年历。本书内容新颖，技术实用，可操作性强，可作为县(市)举办甜瓜园艺工培训的教材，亦可供广大农民、农业基层技术人员及农业院校相关专业的师生阅读参考。

图书在版编目(CIP)数据

甜瓜园艺工培训教材/陶永红，张玉鑫编著．—北京：金盾出版社，2008.6

(新型农民现代农业技术与技能培训丛书)

ISBN 978-7-5082-5116-5

Ⅰ.甜…　Ⅱ.①陶…②张…　Ⅲ.甜瓜-蓏果园艺-技术培训-教材　Ⅳ.S652

中国版本图书馆CIP数据核字(2008)第070795号

金盾出版社出版、总发行

北京太平路5号(地铁万寿路站往南)

邮政编码：100036　电话：68214039　83219215

传真：68276683　网址：www.jdcbs.cn

封面印刷：北京印刷一厂

正文印刷：北京大天乐印刷有限公司

装订：北京大天乐印刷有限公司

各地新华书店经销

开本：850×1168 1/32　印张：4.625　字数：110千字

2008年6月第1版第1次印刷

印数：1—10000册　定价：9.00元

序　言

中共中央、国务院[2007]1号文件明确指出，加强“三农”工作，积极发展现代农业，扎实推进社会主义新农村建设，是全面落实科学发展观、构建社会主义和谐社会的必然要求，是加快社会主义现代化建设的重大任务。

我国农业人口众多，发展现代农业、建设社会主义新农村，是一项伟大而艰巨的综合工程，不仅需要深化农村综合改革、加快建立投入保障机制、加强农业基础建设、加大科技支撑力度、健全现代农业产业体系和农村市场体系，而且必须注重培养新型农民，造就建设现代农业的人才队伍。

胡锦涛总书记在党的十七大报告中进一步指出，要培育有文化、懂技术、会经营的新型农民，发挥亿万农民建设新农村的主体作用。

新型农民是一支数以亿计的现代农业劳动大军，这支队伍的建立和壮大，只靠学校培养是远远不够的，主要应通过对广大青壮年农民进行现代农业技术与技能的培训来实现。金盾出版社在对农业岗位培训进行广泛调研的基础上，与中国农业大学老科技工作者协会、华中农业大学老教授协会等单位共同策划，约请数百名农业专家、学者参加，组织编写了“新型农民现代农业技术与技能培训丛书”(以下简称“丛书”)。“丛书”坚持从现阶段我国青壮年农民的文化技术水平出发，突出现代农业技术与技能的传授，注重其先进性和实用性；“丛书”以教材形式编写，共有88个分册，涉及81个农业岗位，除水稻农艺工、蔬菜园艺工、蔬菜植保员、果树植保员分南方本和北方本外，其他均为一个岗位一本培训教材，以方便县(市)、乡(镇)、村组织新型农民培训和农业企业进行岗位培训时选用。“丛书”的组编和出版，还得到了河北农业大学、沈阳农业大学、西北农林科技大学、甘肃农业大学、北京农学院、山东畜牧兽医职业技术学院、大连民族学院、中国农业科学院茶叶研究所、中国农业科学院油料研究所、中国农业科学院郑州果树研究所、中国农业科学院特产研究所、中国农业科学院桑蚕研究所、中国养蜂学会、内蒙古自治区农牧科学院、甘肃省蔬菜研究所、山东省果树研究所、广西壮族自治区柑桔研究所、山西省畜牧兽医研究所等单位部分专家、教授的支持和参与，并列入劳动和社会保障部《全国职业培训与技能鉴定用书目录》，进行推荐，使我们深感欣慰，在此表示衷心感谢。我们希望和相信，通过“丛书”的出版发行，能为新型农民队伍的发展壮大贡献一份力量，也能为现代农业技术与技能培训积累一些可供借鉴的经验。

“丛书”编写时间有限，各分册存在不足或错漏在所难免，恳请同仁和各使用单位批评指正。

编 委 会

2008 年 1 月

目　录

第一章　甜瓜园艺工的岗位职责与素质要求

一、岗位职责

甜瓜园艺工岗位职责是向广大消费者提供安全、卫生、优质的无公害甜瓜食品。为此，主要负责完成和做好如下工作：①严格执行各项规章制度，认真操作，确保甜瓜生产工作的顺利进行。②严格遵守劳动纪律，坚守岗位，服从调度，上岗时间不做与岗位无关的事。③及时发现甜瓜生产过程中可能出现的异常现象（如病虫害等），立即采取相应控制措施，并及时报告相关当事人或单位负责人。④认真做好甜瓜新产品、新技术田间试验示范工作，确保甜瓜田间试验数据齐全、准确、可靠。⑤严格执行甜瓜无公害生产的技术规程，拒绝使用农业部要求停止使用的农药。⑥保持试验地整洁，做到文明生产。⑦努力学习业务技术知识，不断提高操作水平。⑧随时掌握甜瓜田间生产情况，解决生产中出现的技术问题。如果问题自己不能解决，应及时向单位负责人报告。

二、素质要求

（一）职业道德

甜瓜园艺工应做到以下几点：①要体现“干一行、爱一行”的精神，忠实履行自己的职业责任，爱岗敬业，尽到本职工作所应尽到的责任。②遵纪守法，安全生产。生产必须安全，安全能促进生产，只有这样才能保证企业正常生产和经济效益的最大化。一是遵守工作纪律。按时上班，按时交接。工作时服从调配，听从指挥，在工作时间内不做任何与工作无关的事情。二是遵守相关的操作规程。这是安全生产的基本要求。违反操作规程随意操作，轻者影响工作质量，严重者会引起生产秩序的混乱，甚至出现重大事故。③尊师爱徒、团结互助。尊师爱徒是工人的美德。徒弟应尊敬师傅，虚心学习，主动接受师傅的教导、帮助和指点；师傅要关心、爱护、帮助青年人，尽心地传、帮、带，从而形成尊师爱徒，团结互助的美德，代代相传。④艰苦奋斗，勤俭节约。农业是弱势产业，是投资大、回报低的行业，劳动条件相对较差，生产环境也不太好，所以要树立吃苦的精神。树立"艰苦奋斗，勤俭节约"思想，不仅可以纯洁人的灵魂，而且对于企业的高效、优质、低耗运作、提高企业的经济效益有相当重要的作用。⑤钻研技术、勇于创新。农业生产技术受外界环境影响很大，企业的每一位员工如能不断钻研技术、勇于创新，不断学习新知识、新技术、新工艺，改革创新，开拓进取，就一定能够高效、优质地完成企业交给的生产任务，创造较好的经济效益和社会效益。

(二)专业素质

甜瓜园艺工应具备的甜瓜栽培的基础知识、技术与技能主要有以下几点：①具备甜瓜的植物学特征和生物学特性、栽培品种、优质丰产栽培关键技术、甜瓜主要病虫害识别和防治等方面的基础知识，并具有相应的实际操作技能。②熟悉所在地区的气象条件、土壤地力条件。③熟悉所在地区甜瓜生产的类型和生产方式及近年甜瓜生产的经济效益。④及时了解全国甜瓜育成品种的特征特性，并能针对当地生产实际引进示范推广。⑤具有甜瓜生产过程中整地、施肥、育苗、播种、整枝、授粉、留果、施药、成熟度判断与采收等基本操作技能。⑥能够识别甜瓜生产中发生的常见病虫草害,掌握其预防及防治方法。⑦按照无公害食品生产条件,正确进行化肥和农药的使用。

第二章　甜瓜园艺工须具备的基础知识

一、甜瓜特征特性

甜瓜分类上属于葫芦科、甜瓜属、甜瓜种。栽培的甜瓜都是1年生草本植物。

（一）甜瓜的植物学特征

1. 根　甜瓜的根系较发达，在各种瓜类植物中，仅次于南瓜和西瓜。甜瓜的主根可深入土中1米，侧根长2～3米，主、侧根的总长度约32米。绝大部分侧根和根毛都集中分布在土壤表层0～30厘米的耕层中。

除上述由胚根形成的定根外，甜瓜的茎蔓匍匐在地面生长时，还会长出不定根。不定根长度一般在50厘米左右，也可吸收水分和养料，并可固定枝蔓，避免风吹翻卷。

甜瓜的根除了从土壤中吸收无机盐养料和水分外，还直接参与有机物质的合成。

2. 茎　甜瓜茎草质蔓生，茎蔓节间有不分叉的卷须，可攀缘生长。甜瓜植株的茎蔓横切面为圆形、有棱，茎蔓表面具有短刚毛。

甜瓜的每一节间除着生叶柄外，还在叶腋着生有幼芽、卷须和雌花（或雄花）3种器官。

在自然生长状态下，甜瓜主茎（蔓）生长较弱，通常长不过1米。但侧蔓的长势却十分旺盛，长度往往超过主蔓。一般薄皮甜瓜（香瓜、梨瓜）茎蔓细弱，厚皮甜瓜茎蔓粗壮。

甜瓜分枝力强，主蔓上分生出子蔓（一级侧蔓），子蔓上又会分生出孙蔓（二级侧蔓）。甜瓜的雌花大多着生在子蔓和孙蔓上，只有少数薄皮甜瓜品种的主蔓上会着生雌花。

3. 叶　甜瓜的叶着生在茎蔓的节上，每节 1 叶、互生。甜瓜叶为单叶，叶柄短，叶柄上有短刚毛。甜瓜叶片大多为近圆形或肾形，少数为心脏形、掌形。叶片不分裂或有浅裂，这是甜瓜与西瓜叶片明显不同之处；乍看起来，甜瓜叶片更近似于黄瓜。甜瓜叶片正反面均长有茸毛，叶背面叶脉上长有短刚毛，这些茸毛和刚毛具有保护叶片、减少叶面蒸发的作用，使甜瓜具有旱生特性。甜瓜的叶缘呈锯齿状、波纹状或全缘状，叶脉为掌状网脉。

甜瓜叶片呈深浅不一的绿色，厚皮甜瓜叶色为浅绿色，薄皮甜瓜为深绿色。深绿色叶片的品种抗病性较强。

甜瓜叶片的大小，随品种和类型而异，通常叶片直径为 8～15 厘米。一般厚皮甜瓜叶片大，新疆哈密瓜叶型最大，薄皮甜瓜叶片小。

甜瓜的 2 片子叶从种子萌发后展开呈长椭圆形，对苗期生长发育有很大作用，其形状与真叶有明显不同。

4. 花　甜瓜是雌雄同株异花植物，雄花全是单性花。雌花大多为具雄蕊的两性花，尤其是栽培品种的雌花几乎全部都是两性花。

甜瓜花冠黄色，钟状 5 裂。花瓣（即花冠裂片）卵状短圆形，急尖，长约 2 厘米。花萼裂片 5，绿色，钻形。雄蕊 3 枚，药室 S 形折曲。雄花花柱极短，柱头 3 裂，基部靠合，柱头深藏在花冠筒内。子房下位，长椭圆形、圆形或纺锤形，子房外被茸毛。

甜瓜雌花常单生在叶腋内。雄花常数朵（3～5 朵）簇生，同一叶腋的雄花依次开放，不在同一日开放。

甜瓜的雌花为两性花，即柱头外围着生 3 个雄蕊，其位置低于柱头，尽管具有正常的花粉功能，但若无昆虫传播花粉，仍不能自花结实。

甜瓜的花粉沉重而黏滞，必须依靠昆虫才能传粉，是典型的虫媒花。花冠内有蜜腺。

甜瓜的结实雌花大多着生在子蔓或孙蔓上，这与以主蔓结实为主的西瓜有明显不同。

5. 果实 甜瓜的果实为瓠果，是由受精后的子房发育而成的。甜瓜的果实可分为果皮和种腔两部分。

(1)果皮 甜瓜果皮由外果皮和中内果皮构成。果皮有不同程度的木质化，随着果实的生长和膨大，木质化多的表皮细胞会撕裂形成网纹。甜瓜的中内果皮无明显界线，均由富含水分和可溶性糖的大型薄壁细胞组成，为甜瓜的主要可食部分。

(2)种腔 甜瓜种腔的形状有圆形、三角形、星形等。3 心皮 1 室。种腔充满瓤籽，属侧膜胎座。胎座组织疏松，相对干燥。

甜瓜果实的大小、形状、果皮颜色差异很大，是鉴定品种的主要依据。通常薄皮甜瓜小，单瓜重 0.5 千克以下。厚皮甜瓜大，单瓜重 1 千克以上。新疆的厚皮甜瓜有单瓜重 10 千克以上的。果实形状有扁圆形、圆形、卵形、纺锤形、椭圆形、长棒状等。果皮颜色有绿色、白色、黄绿色、黄色、橙红色等。果皮上还有各种花纹、条带等，丰富多彩。

甜瓜的果柄较短，早熟类型甜瓜果柄成熟后脱落。甜瓜果实成熟后常挥发出香气。

6. 种子 甜瓜果实一果多胚，通常一个瓜中有 300～500 粒种子。种子形状为扁平窄卵圆形，大多为黄白色。种皮较西瓜薄，表面光滑或稍有弯曲。甜瓜种子大小差别较大。薄皮甜瓜种子小，千粒重 5～20 克；厚皮甜瓜种子大，千粒重可达 30～80 克。

甜瓜种子的解剖构造与西瓜相似，均由种皮、子叶、胚 3 部分组成，不含胚乳。

(二)甜瓜的生物学特性

1. 根系的生长发育　在种子开始萌发时，甜瓜的胚根先于子叶生长。在植株的生长期内，根系的生长发育受土壤类型、质地和含水状况影响很大。通常生长在轻质砂壤土中的甜瓜根系比黏土中的入土深，且分枝多。据挖根观察，生长在壤土中的甜瓜主根长 0.3～0.5 米，而在黏壤土中的却只有 0.2～0.3 米。在土壤干旱的灌溉地区，由于土壤深层缺水，根系大多分布在表土，入土浅而广。相反，在潮湿多雨地区，根系入土较深，分布较狭窄。

甜瓜根系生长的适温为 25℃～35℃，最高可忍耐 40℃，最低 15℃，超过此极限，根系便停止生长。

甜瓜根系生长与土壤养分含量和品种自身的生长势密切相关。一般生长势旺的厚皮甜瓜品种在肥沃的土壤上，根系发达；相反，生长势弱的薄皮甜瓜品种或在瘠薄的土壤上，根系小。

整枝也会影响地下根系。整枝过重，地上部枝蔓不足的根系发育也不良。

甜瓜根系要求土壤通气性良好，在低洼潮湿、积水板结的土壤中，容易烂根。

甜瓜根系再生力弱，瓜苗移栽时如根系损伤严重，则不易成活。故生产上常采用育苗袋(钵)子叶期带土移栽。

2. 种子和萌发　甜瓜的种子在低温、干燥的条件下贮藏 10～15 年也不会丧失发芽能力。在西北自然状态下存放 15 年的甜瓜种子，其发芽率仍可达到 70%。可是在上海市湿热条件下，自然存放 2～3 年的甜瓜种子，发芽率却下降到 30%左右。由此可见，甜瓜种子的贮存条件对发芽力的影响是很大的。

甜瓜种子成熟后便可萌发，无自然休眠。

甜瓜种子的萌发与其他农作物一样，需要温度、水分和氧气，同时不喜光，即“暗发芽”。但不同的是，甜瓜种子发芽所需的水热条件，远较其他作物高。

甜瓜种子在发芽前需用水充分浸泡吸水 5～6 小时，然后放入 28℃～32℃的温箱中，一般 24 小时后就可萌动长出胚根。

3. 幼苗的生长发育 甜瓜的苗期是指从播种、出苗到现花蕊和卷须，即始于子叶出土，止于第五至第六片真叶出现。

甜瓜播种后一般 7～8 天即可出苗，比同期播种的西瓜早出土 1～3 天。

甜瓜出苗后经 3～5 天出现第一片真叶，到第十天左右可以出现第三片真叶。甜瓜幼苗早期生长的第一至第五片真叶节间较正常节间短。

甜瓜枝蔓和花原基的分化在幼苗期已经进行。据马克奇等(1982)研究，甜瓜幼苗第三片真叶出现前后，其生长点已在进行主蔓、子蔓和孙蔓的大量分化。当甜瓜幼苗第四片真叶长到 3 厘米长时，其顶端生长点内已分化出主蔓 17～18 节、子蔓 10～11 条、花原基 103 个，可从解剖镜中观察到结实雌花。

在甜瓜苗期的个体发育上，第五至第六片真叶的出现标志着苗期的结束、营养和生殖生长时期的开始。这时，甜瓜茎蔓和叶片的生长明显加快，侧蔓(子蔓、孙蔓)发育旺盛，几乎与主蔓齐头并进。基部子蔓第一叶腋开始现雄花蕊。

4. 开花与结实 甜瓜的花芽分化早在播种后子叶出土就已开始。出苗后 25～30 天花器分化完毕并开始开雄花。

甜瓜植株所有叶腋都可着生雄花，但雌花大多只着生在侧蔓上。据观察，早熟品种和早熟类型，如薄皮甜瓜(梨瓜、香瓜)和厚皮甜瓜中的光皮早熟瓜蛋品种的雌花，多着生在主蔓或子蔓上；而晚熟的品种和晚熟类型，如厚皮甜瓜中的夏甜瓜、冬甜瓜，它们的雌花多着生在子蔓或孙蔓上。

甜瓜植株生长出 8～9 片真叶时，基部叶腋的花蕊分化完成，便开始开花。通常雄花比雌花先开放 5 天左右。甜瓜开花时间只有半天，通常在凌晨 6～7 时花朵开放，一直持续到中午 12 时左右，这段时间均可授粉。但是由于甜瓜的花粉和雌花柱头对温度十分敏感，高温才有利于花粉管的萌发和完成授粉受精过程，所以甜瓜人工授粉的最佳时间应在雌花开放后的 2 小时，即上午 9～10 时授粉的效果最好。中午以后，未授粉的雌花柱头分泌黏液，这样的雌花就已经丧失受精能力，只有干枯脱落。甜瓜的雄花花粉在干燥器内、18℃～20℃条件下可保持生活力达 32～48 小时。

甜瓜的花粉必须有昆虫作为传粉媒介才能完成自然授粉。大多数甜瓜雌花属两性花型，即雌花柱头四周有 3 枚雄蕊，但在缺少虫媒的条件下同样不能完成受精。甜瓜植株的传粉昆虫有蜂、蚁、蛾、蝇、蓟马、甲虫等。因此，在甜瓜生产田应保护授粉昆虫，开花期停止后方能喷洒危害昆虫活动的农药。大棚和保护地栽培甜瓜，由于昆虫活动受阻，应配合人工辅助授粉。

甜瓜开花后，其结实能力因种类、受精条件、营养状况等的不同而有很大差异。据观察，有 60%～80%的甜瓜雌花蕊在开花前就干枯脱落。已开放的雌花中，有 80%～90%的雌花也因受精不良或养分供应不足而坐不住果。真正能发育成功的结实雌花，薄皮甜瓜最多 4～6 个，厚皮甜瓜中的小型瓜蛋类可达 2～4 个，大型哈密瓜类只有 1～2 个。

5. 果实发育与成熟　甜瓜的果实发育时间一般较西瓜长，尤其是大果型晚熟品种厚皮甜瓜，从坐瓜至成熟竟需 90 天(小青皮品种)以上。但常见的薄皮甜瓜果实发育期一般只需 30～35 天。

甜瓜的果实发育大致可分为 3 个阶段。

第一阶段，坐瓜后 1～5 天，幼果增长不快，形态变化不大，但果实细胞迅速分裂，细胞数急速增加。此时，幼果的生理活动剧烈，呼吸作用强劲，以不断提供细胞分裂所需的能量。

第二阶段，坐瓜后 6～10 天，果实体积急剧增长，形态变化十分明显，本阶段结束前，甜瓜果实大小基本定型。此时果实细胞的分裂不多，主要是细胞体积增大。细胞的生理活动趋向平缓，呼吸作用下降。

第三阶段，坐瓜后10～15天至成熟采收，果实体积变化不大，逐渐出现网纹、色素、香气等的变化，含糖量增加直至成熟。此时果实细胞数目和体积变化都不大，细胞内的生化物质变化剧烈，多糖分解为单糖或双糖，绿色素变为花青素或黄色素，芳香物质酯类出现，有的类型果柄分化离层。由于上述细胞生理生化变化对能量的需要，代谢作用中呼吸作用重新加剧进行。

二、品种选择

在我国各地的甜瓜传统产区，经长期的自然、人工选择已形成了各具特色，以地方优良品种为主的适栽品种组合。然而现代园艺技术的进步和育种成就正为各瓜产区农民提供着越来越大的选择余地，1个产区1类品种(甚至1个品种)的旧传统正在改变，品种多样化已明显地成为今后甜瓜生产发展的趋势。

(一)品种选择的一般原则

第一，与栽培季节相适应。早熟栽培应选用优质早熟品种，正茬栽培选用中晚熟丰产品种。

第二，与上市条件相适应。供应本地市场为主的，宜选用优质、丰产品种，而拟运销外省(市)时，应特别注重品种的耐贮运性。

第三，与消费习惯相适应。不同地区的消费者，其所喜好的品种类型不同，种植者应尽量选择适合本地或拟销往地区市场消费习惯的品种。例如，欧美人喜欢麝香味浓的品种，东方人喜欢清香型品种，日本人独爱密网纹品种；新疆人喜食脆肉型甜瓜，而内地消费者多偏爱软肉型甜瓜；北京市场上黄皮类甜瓜好销，而上海市场则白皮类甜瓜畅销。

第四，与当地气候和栽培技术条件相适应。甜瓜生育期中雨量相对较多的地区要选用耐湿抗病品种，干旱少雨地区则应选用耐旱喜强光品种，气候条件多变的地区应选用适应性强的品种。栽培技术水平较高的传统产区可选用优良但种植难度稍大的品种（如网纹类品种），新产区则宜选择栽培适应性好、容易种植的品种。

第五，不同类型品种相配套。虽然一个地区某一季节的适栽品种类型可能是相同的，但绝不能统一到1个品种上，因为消费需求毕竟是多样的。至少应搭配不同熟性的品种，以便延长供应期。但也不能提倡农户水平上的"小而全"或者村、乡（镇）水平上的"多样化"，在小区域内应当集中种植单一品种，以利于形成产地优势，便于统一上市销售。以供应外省（市）市场为主的栽培区应特别注意这一点。

具体品种可参看其他相关书籍。新产区或引进新品种应当先少量试种，取得成功经验后再规模种植。新品种试种期限应在3年以上，以便有足够的机会鉴定品种的气候适应性和市场适合性，减少种植风险。

（二）选择棚室栽培品种注意事项

在温室或塑料大棚栽培甜瓜，品种选择除应遵循上述一般原则之外，还应特别注意如下几点。

第一，选择耐寡日照、弱光照和低温下茎叶生长较好、结果能力强的"节能型"专用或兼用品种，秋延后栽培注意所选品种的抗（耐）病毒病能力和果实耐贮性。

第二，品种熟性与栽培茬口和整枝方式相配合。促成栽培应选用早熟品种，选留低节位坐果枝；抑制栽培应选晚熟品种，较高节位结果。若在早春茬选用中晚熟品种，高节位结果则无法实现早熟目的，而在秋延后生产中用早熟不耐贮的品种就不能充分延迟上市期。

第三，以适合市场要求的1～2个品种为主。适当搭配熟性、皮色、果形、瓤色和网纹性状不同的其他品种，以满足市场的全面需要。

三、甜瓜生产计划制订

甜瓜生产有其特殊性，应掌握其特点和要求。做好甜瓜生产计划是取得良好经济效益的重要环节。甜瓜不仅有大量的露地生产，而且还有一部分保护地栽培。露地栽培安排在生态条件最适宜的地区，因为露地甜瓜生产具有季节性，购销也有较强的时间性，产品自生产领域进入流通环节供应市场，要掌握时机按计划生产。保护地栽培基本不受生态条件的限制，但它是一种高投入的生产，集约化程度较高。因此，要获得高效益，必须以实现高产出为前提，必须要求一整套的技术作保证。

甜瓜生产因受自然条件影响，种植品种应适应于本地区农业气候特点，因此生产计划要从实际出发灵活掌握，充分利用有利的自然条件、技术条件和经济条件，才可提高生产水平，增产增收，提高经济效益。因此，甜瓜生产计划的制订必须遵循以下几条原则：一是根据市场需求生产的原则；二是发挥区域优势比较的原则；三是保护地和露地栽培茬口相宜的原则；四是区域优势与品种相宜的原则；五是规模与效益相宜的原则。

（一）露地栽培

新疆应大力发展露地哈密瓜生产，充分发挥其地域优势；甘肃河西走廊与宁夏、内蒙古河套地区可发展其他厚皮甜瓜如玉金香、黄河蜜、银帝、白兰瓜、河套蜜瓜等露地栽培。薄皮甜瓜耐湿抗病，极不耐运，各地均可在城市附近就近进行露地栽培满足市场需要。

露地甜瓜播种期受外界气候条件影响较大，西北地区应在当地10厘米地温稳定通过15℃时播种。播种时间一般在4月下旬至5月上旬。延后栽培可推迟在5月底播种。

(二)保护地栽培

甘肃河西走廊与宁夏、内蒙古河套地区发展春季小拱棚栽培；珠江三角洲、海南地区可扩大发展大棚优质甜瓜栽培；我国中部经济较发达地区发展保护地中早熟厚皮甜瓜品种生产，其中华北地区应以日光温室方式为主，长江中下游地区以大中棚方式为主，进行冬春与秋延后两季栽培，特早熟品种也可采用小拱棚栽培方式。

四、甜瓜生产安全知识

(一)安全使用农药知识

农药残留是影响农产品质量的主要因素之一，也是造成人、畜中毒的主要原因。因此，在无公害农产品生产中要严格控制农药的施用。无公害甜瓜生产中农药使用应掌握如下几点。

第一，严禁使用国家禁止生产、销售的农药品种。

第二，严禁使用高毒、高残留农药。

第三，对症下药。甜瓜病虫害种类繁多，不同病虫害、病原及危害特点都不同。防治所用的农药品种也不同，必须认清病虫害的种类，了解农药性质，对症下药。

第四，适时用药。种子消毒、苗期防治、定植后防治3个环节不可缺少。另外，要高度重视病害的初期症状诊断问题。

第五，改进用药方式。喷雾法、烟雾法、粉尘法等配合使用，喷雾施药要均匀周到，不重喷、不漏喷，才能获得好的防治效果。在防治病虫害时应使用小容量喷雾器，喷雾均匀周到，以提高防治效果。

第六，控制用药量及用药次数。各种农药对防治对象的用量都是经过反复试验后确定的。因此生产中使用农药时不可任意增减药量。若增加用药量，不仅造成农药浪费，而且容易对植株产生药害，增大甜瓜上的农药残留量，污染环境，影响消费者身体健康。而减少用药量，则不能收到预期的效果，达不到防治目的。

第七，正确交替轮换、混用、复配用药。生产上长期单一地使用一两种农药，尤其是防治对象单一，作用点少的内吸性杀菌剂，很容易产生抗药性，防效愈高的杀虫剂愈容易产生抗药性。正确交替轮换用药，可收到省工、增效、兼治、防止和延缓病虫产生抗药性的效果。

第八，执行农药安全间隔期。农药安全间隔期指收获距最后1次施药之间的时间。这段时间的长短因农药的性质而不同，有的2～3天，有的7天甚至更长。对接近成熟采收上市的甜瓜，一定要选择残效期短的农药品种和生物农药。无公害农产品常用农药及使用方法见表2-1。

表2-1　甜瓜农药安全使用标准

农药		主要防治对象	用药量或稀释倍数	施药方法	每季最多使用次数	安全间隔期(天)
名称	含量及剂量					
多菌灵	50%可湿性粉剂	枯萎病	500克	药土盖种	1	10
	50%可湿性粉剂	枯萎病	2000克	毒土撒穴	1	10
	50%可湿性粉剂	枯萎病 蔓枯病	500倍液	灌根	1	10
	25%可湿性粉剂	枯萎病	8克/米^2	土壤处理	1	10
	50%悬浮剂	枯萎病 蔓枯病	10克/米^2	土壤处理	1	10
福美双	75%可湿性粉剂	猝倒病	8～10克/米^2	药土盖种	1	7

续表 2-1

农药		主要防治对象	用药量或稀释倍数	施药方法	每季最多使用次数	安全间隔期(天)
名　称	含量及剂量					
甲霜灵	25%可湿性粉剂	猝倒病	8～10克/米^2	药土盖种	1	7
霜霉威	66.5%水剂	猝倒病	1000～1500倍液	喷　雾	3	7
噁霜锰锌	64%水剂	猝倒病 蔓枯病	400～500倍液	喷　雾	3	3
甲基硫菌灵	70%可湿性粉剂	蔓枯病	800倍液	喷　雾	3	10
	70%可湿性粉剂	枯萎病 炭疽病	1500倍液	灌　根	3	10
	70%可湿性粉剂	炭疽病	500倍液	喷　雾	3	10
宁南霉素	2%水剂	病毒病	1500倍液	喷　雾	2～3	14
盐酸吗啉胍·铜	20%可湿性粉剂	病毒病	1000倍液	喷　雾	2～3	10
福·福锌	80%可湿性粉剂	炭疽病	600倍液	喷　雾	1～2	7
咪鲜胺·锰盐	50%可湿性粉剂	炭疽病	800倍液	喷　雾	2	7
多·福	50%乳剂	炭疽病	400～500倍液	喷　雾	2	5
抗蚜威	50%可湿性粉剂	蚜　虫	500～600倍液	喷　雾	3	7～10
阿维菌素	0.9%水剂	螨　类 瓜种蝇	5000倍液	喷　雾	1	7
		斑潜蝇 蚜　虫	3000～4000倍液	喷　雾	1	7
敌敌畏	80%乳油	蚜　虫	150～200倍液	熏　蒸	5	5
吡虫啉	20%乳油	蚜　虫	1500倍液	喷　雾	1～2	5
辛硫磷	50%乳油	小地老虎 瓜种蝇	1000倍液	灌　根	1	10
敌百虫	2.5%粉剂	小地老虎	2000倍液	毒土撒穴	2	7

(二)安全用电知识

第一,工作前详细检查用电器械及线路是否安全可靠,了解场地、环境情况,检查无误后方可进行工作。

第二,各项用电工作要认真操作,经常检查,及时修理。

第三,在线路设备上工作时要切断电源,验明无电,才能正常工作。不得带电维修。

第四,不准随意拆除电器设备上的熔丝及过负荷电器等安全保护装置。

第五,在使用电器时,安放位置附近不得有易燃物。用完后及时拔掉插头。

第六,工作中所拆除的电线要及时处理好,带电的线头须用绝缘胶布包扎好。

第七,当电器发生火警等险情时,应立即切断电源。在未断开电源前,应用四氯化碳、二氧化碳或干砂扑灭,严禁用水或酸碱泡沫灭火器灭火。

(三)安全使用农机知识

第一,使用前应严格检修和试运行,确保机具技术状态良好。

第二,作业人员要身着工作服,不准穿肥大衣服,袖口扎紧,女同志应戴工作帽。

第三,机械运行过程中发生故障时,应停机修理;机具运转时,不准更换皮带、注油和修理。

第四,对农机具应定期进行检查和修理。必须有"养重于治,防重于修"的观念,切忌"带病"作业,发现问题及时查找原因并排除。

第五,农机具使用完后,及时清除农机具各处的泥土、灰尘和油垢。机器应停放在干燥的库房内,尽可能不要放在室外。库房内不能同时存放化肥及其他化学药品。

第六，塑料器械不要暴晒或靠近火源，冬天还要防冻，以免老化变质。

第七，喷雾器等小型农用药械，在喷完药剂后应立即进行清洗处理，特别是使用剧毒农药和各种除草剂后，更要立即将药械桶内清洗干净，否则对农作物或蔬菜就会产生毒害。喷过2,4-D丁酯的喷雾器，不能用来喷蔬菜。

第八，勿超负荷作业。

（四）安全使用肥料知识

无公害农产品生产过程中，要以卫生安全的有机肥为主，以保持和增加土壤肥力和土壤生理活性、保护土壤生物群落的多样性为目的。要根据目标单产、作物需肥规律及土壤养分测定结果，确定肥料使用的数量，以有机肥、饼肥、生物菌肥等逐步替代化学合成肥料。

第一，增施有机肥，可依据不同栽培方式选用堆沤（堆肥、沤肥、沼气肥）还田、过腹（猪、牛等粪尿）还田、直接翻压还田或者覆盖还田等多种形式。堆肥作基肥撒施或条施，深度以10～20厘米为宜。无论采用何种原料堆肥，必须经50℃左右5～7天发酵（堆温不可过高，以免损耗养分），以利于杀灭各种寄生虫卵和病菌、杂草种子，去除有害有机酸和有害气体，使之达到无害化卫生标准。

第二，提倡应用生物有机肥。主要指植物生长辅助肥，施用天然有机提取液和有益菌种发酵液，以及根瘤菌、固氮菌、磷细菌和沼肥液等复合微生物有机肥。

第三，补施化肥。允许无公害产品生产基地有限度地使用部分化学肥料，但禁止使用硝态氮肥。要根据不同作物、不同生长期、不同需求合理配方。各种化肥施用量控制在每公顷450千克（每667平方米30千克）以下，且最后1次追肥在收获前30天进行。

为确保安全使用肥料，应注意以下问题：一是严禁在甜瓜作物上使用未充分腐熟的有机肥。二是甜瓜在接近收获期时一定不能再追施任何肥料，包括有机肥、氮肥，因追施化肥将严重影响农产品的品质和质量，致使硝酸盐、亚硝酸盐超标。三是杜绝劣质假肥的施用。各种劣质假肥含有大量有机砷及重金属类化合物，造成土壤及农产品中各项指标超标。四是禁止使用城市、医院和工业区的垃圾、污泥作为肥料。因施用这些肥料将对农田土壤、农产品造成严重的永久性的污染，很难消除。

五、无公害甜瓜生产标准知识

(一)无公害甜瓜环境质量标准

1. 环境空气质量标准 农业生产离不开大气环境，如果大气环境受到污染，就会对农业生产带来影响和危害。植物受大气污染影响后会使细胞和组织器官受到伤害，生理功能和生长发育受阻，产量下降，产品品质变坏。如水果、蔬菜会失去固有的色泽，外观品质变劣，营养价值降低。若大气总悬浮微粒中含有过量的重金属，污染了植物会对人、畜造成危害，导致土壤污染。甜瓜无公害产品生产地的大气质量应达到表 2-2 的标准。

表 2-2 环境空气质量指标

项 目	浓度限值	
	日平均	1 小时平均
总悬浮颗粒物(标准状态)(毫克/米^3)	≤0.3	—
二氧化硫(标准状态)(毫克/米^3)	≤0.15	≤0.50
二氧化氮(标准状态)(毫克/米^3)	≤0.15	≤0.24
氟化物(标准状态)(微克/米^3)	≤7	≤20

注：日平均指任何 1 日的平均浓度；1 小时平均指任何 1 小时的平均浓度

2. 土壤环境质量标准　土壤受到污染，会对绿色植物的生长繁殖带来影响。特别是重金属造成的污染，将造成永久性污染而且难以根除。同时将影响农作物的产量和质量，致使农产品中的重金属超标。通过食物链，还会影响到养殖业和畜牧业，以及人类的身体健康。甜瓜无公害产品产地的土壤环境质量应达到表 2-3 的标准。

表 2-3　土壤环境质量指标

项　目	浓度限值		
	pH 值＜6.5	pH 值 6.5～7.5	pH 值＞7.5
镉(毫克/千克)	≤0.30	≤0.30	≤0.6
汞(毫克/千克)	≤0.30	≤0.50	≤1.0
砷(毫克/千克)	≤40	≤30	≤25
铅(毫克/千克)	≤250	≤300	≤350
铬(毫克/千克)	≤150	≤200	≤250

注：本表所列含量限值适用于阳离子交换量＞5 厘摩/千克的土壤，若≤5 厘摩/千克，其含量限值为表内数值的半数

3. 灌溉水质量标准　农业生产离不开水，水污染后对种植业、养殖业以及加工业都会造成影响。水污染对农作物产生直接影响，使作物减产，品质降低，还可造成农作物死亡。同时，也可对土壤产生污染，影响农作物生长。其主要表现在以下几个方面：一是作物叶片或者其他器官受害，导致生长发育障碍，产量降低。二是产品中有毒物质积累不能食用。三是农产品品质下降。甜瓜无公害产品产地的灌溉水质量应达到表 2-4 的标准。

表 2-4　灌溉水质量指标

项　目	浓度限值	项　目	浓度限值
氰化物(毫克/升)	≤0.5	总铅(毫克/升)	≤0.1
氟化物(毫克/升)	≤3.0	总镉(毫克/升)	≤0.005
总汞(毫克/升)	≤0.001	铬(六价)(毫克/升)	≤0.1
总砷(毫克/升)	≤0.05	石油类(毫克/升)	≤1.0
pH 值	5.5～8.5		

(二)无公害甜瓜产品质量标准

1. 感官标准　哈密瓜、白兰瓜果实的外观质量等级标准见表2-5和表2-6。

表 2-5　哈密瓜外观质量等级标准

(参考中华人民共和国哈密瓜行业标准)

项目		等级	
		一等品	二等品
瓜形		具有本品种固有的特征，瓜柄2～3厘米	允许有轻微偏缺，具有本品种特征，瓜柄2～3厘米
色泽、条带、网纹		果实具有本品种固有的色泽、条带与网纹，且明显、清晰	果实具有本品种应有的色泽、条带与网纹允许色泽稍差，条带与网纹稍浅
缺陷	大小(质量)	果实大小均匀一致，质量偏差小于8%	果实大小较均匀，质量偏差小于10%
	碰压伤	不允许	占总数5%的单瓜轻微碰压磨伤，但单瓜损伤面积总和不超过3平方厘米
	裂缝	不允许	外表有轻微裂缝，但未达果肉部分
	病虫斑	不允许	不允许
	刺划、磨伤	不允许	不允许

表 2-6 白兰瓜外观质量等级标准

项目		等级	
		一等品	二等品
瓜形		表面光滑，具有本品种固有的特征，瓜柄 2～3 厘米	允许有轻微偏缺，具有本品种特征，瓜柄 2～3 厘米
色泽		具有本品种固有的色泽，白皮品种阳面有黄晕	果实具有本品种应有的色泽，允许色泽稍差
网纹		偶具稀疏细网纹	偶具网纹
缺陷	碰压伤	不允许	具轻微伤害单瓜<5%，单瓜损伤面积总和不超过 3 平方厘米
	裂缝	不允许	外表有轻微裂缝，但未达果肉部分
	病虫斑	不允许	不允许
	刺划、磨伤	不允许	不允许

无公害甜瓜的外观品质要求应不低于上述标准，绿色食品甜瓜的感官要求应达到上述一等品标准。

2. 卫生指标 无公害产品哈密瓜的卫生质量标准见表 2-7，绿色食品甜瓜的卫生质量标准见表 2-8。

表 2-7 无公害哈密瓜有害物质限量标准

序号	有害物质名称	指标（毫克/千克）	序号	有害物质名称	指标（毫克/千克）
1	乐果	≤1	8	汞(以 Hg 计)	≤0.01
2	多菌灵	≤0.5	9	铜(以 Cu 计)	≤10
3	辛硫磷	≤0.05	10	氟(以 F 计)	≤0.5
4	氟氯氰菊酯	≤0.2	11	砷(以 As 计)	≤0.5
5	百菌清	≤1	12	铅(以 Pb 计)	≤0.2
6	三唑酮	≤0.2	13	镉(以 Cd 计)	≤0.05
7	亚硝酸盐	≤4			

注：剧毒和高毒农药在蔬菜水果生产中的使用按《中华人民共和国农药管理条例》执行

表 2-8 绿色食品甜瓜重金属及有害物限量要求 （单位:毫克/千克）

（参照绿色食品哈密瓜标准 NY/T 427—2000）

项 目	指 标（毫克/千克）	项 目	指 标（毫克/千克）
六六六	≤0.05	镉(以 Cd 计)	≤0.03
滴滴涕	≤0.05	氟(以 F 计)	≤0.5
敌敌畏	≤0.1	汞(以 Hg 计)	≤0.01
乐 果	≤0.2	砷(以 As 计)	≤0.1
杀螟硫磷	≤0.2	铅(以 Pb 计)	≤0.05
倍硫磷	≤0.05		

(三)无公害甜瓜生产禁止使用的农药

无公害甜瓜生产中不允许使用下列农药:六六六、滴滴涕、毒杀芬、二溴氯丙烷、杀虫脒、二溴乙烷、除草醚、艾氏剂、狄氏剂、汞制剂、砷类、铅类、敌枯双、氟乙酰胺、甘氟、毒鼠强、氟乙酸钠、毒鼠硅、甲胺磷、甲基对硫磷、对硫磷、久效磷、磷胺、甲拌磷、甲基异柳磷、特丁硫磷、甲基硫环磷、治螟磷、内吸磷、克百威、涕灭威、灭线磷、硫环磷、蝇毒磷、地虫硫磷、氯唑磷、苯线磷。

思考题

1. 保护地甜瓜栽培对品种选择有哪些要求？根据你所在地区市场的需求,应该选择哪些品种？

2. 结合你所在地区的实际情况,制订出某个甜瓜品种的生产计划。

3. 如何才能安全正确地使用农药？

4. 无公害甜瓜产品生产中的肥料和农药使用原则有哪些？

5. 你认为应该从哪几个方面入手生产无公害甜瓜？简述具体应采取的措施。

第三章　甜瓜育苗技术

一、育苗设施及新技术

(一)酿热温床

传统的温床是利用未腐熟的厩肥(马粪、牛粪、猪粪)或作物秸秆(如稻草、玉米秸、麦秸)或垃圾等作酿热物的。将酿热材料铺在温床床底,厚度为15～20厘米,踏实后适度加温水,或者加入粪尿,再在酿热物上铺厚20厘米的床土,利用酿热物发酵过程产生的热量给床土增温。酿热温床的结构如图3-1所示。在开始发酵时播种,7～10天床内土温可达30℃,甜瓜可顺利出苗。酿热温床可就地取材,目前我国一些农区苗床仍采用这种方法,但在经济发达地区或大城市的郊区,这种酿热温床已逐渐被电热温床所取代。

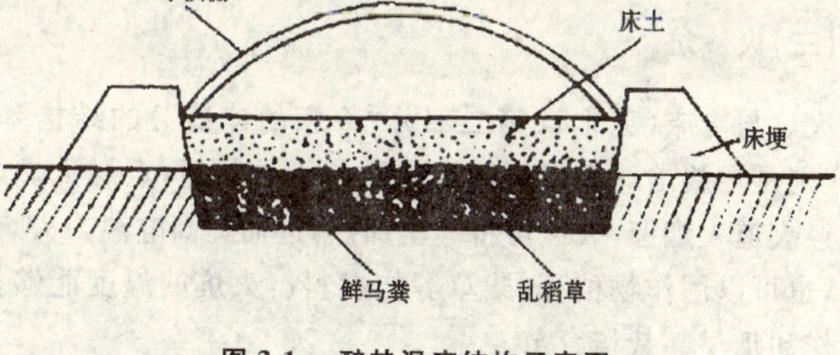

图3-1　酿热温床结构示意图

(二)电热温床

用电热温床育苗是按照不同作物、不同生育阶段对温度的要求，用电热线稳定地控制地温、培育壮苗的新技术。其优点是：能取代传统的冷床育苗，配合塑料大棚，进行人工控温，可达到先促后控和控温不控水的目的。供热时间准确，地下温度分布均匀，不受自然条件制约，提高苗床利用率，节省人力物力，改善作业条件，安全有效，能在较短的期间内育出大量合格幼苗，是蔬菜商品化育苗的一条新途径。电热温床的结构如图 3-2 所示。

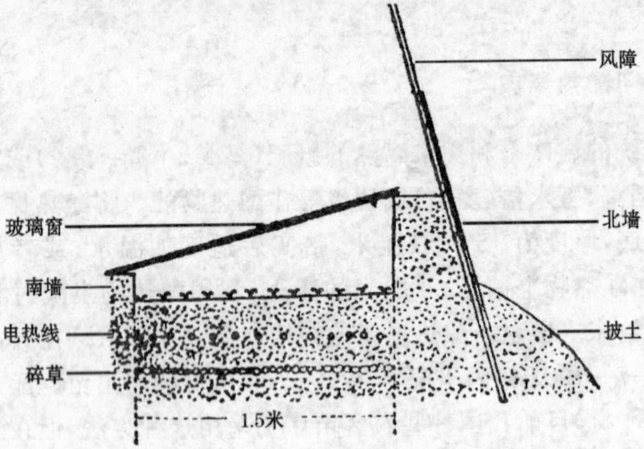

图 3-2　电热温床结构示意图

(三)火　炕

火炕与冷床（见本章第二部分“冷床的建造”）的结构基本相同，区别是在栽培畦底层须挖上火道与火炉相通，点燃火炉之后，烟火经火道入烟囱，火道可将畦土加热，进而提高畦温。火炕可以用煤，也可以用作物秸秆、柴草等作燃料。火炕的温度能够控制，可用作甜瓜早熟栽培育苗。

(四)地热温床

用地热水给人工温室供暖、暖化土壤育苗在国内外均取得成功，潜力非常大。北京、福建、广东等地均成立了专门机构进行地热暖化土壤方面的研究。结果表明，利用地热进行温室气候人工调节，可以大大缩短农作物的生长周期，提高产量。福建利用地热温床进行蔬菜、花卉育苗，已获可喜的成功。

（五）热 风 炉

根据热量来源不同分为燃烧炉和电热风炉。燃烧炉体积小，投资少，使用寿命长，布置灵活，维修方便，运行费用低，为其他设备的1/3～1/2，可用煤、轻柴油、渣油、天然气、煤层气、瓦斯气体和煤气作燃料，燃烧炉的输出热量取决于燃烧原料的燃烧值。电热风炉输出的热介质为经过电热器加热后的洁净热空气，对环境无污染，环保达标，操作环境较干净；热风温度调节方便，连续供热风温度稳定性±5℃；操作简便，设备使用安全性高，无爆炸等危险，设备耐用性强，运行费用低，维护简单。

（六）补光设备

冬季育苗正值日照时间短、光照强度低，不利于秧苗生长，遇阴雨雪天则秧苗生长差。采用人工补光，可以有效地解决上述问题。国内外报道认为，光源以混合氯化物灯为好，其光谱与日光相近，可以在工厂化育苗中使用。

补光的设备有日光灯、白炽灯、高压汞灯、高压钠灯、生物效应灯和农用荧光灯等。以生物效应灯和农用荧光灯补光效果较好。生物效应灯适于秧苗补光，光色为日光色，产生连续光谱，具有80流明/瓦高光效，它热量损耗小，光照强度均匀，光谱分配比例与太阳光相似，若和白炽灯搭配使用效果更好。BR型农用荧光灯辐射光谱接近植物生长所需要的光谱，在低强度补光处理下也能达到促进幼苗生长和提高苗质的作用。

补光成本高，一般只适用于幼苗阶段，每平方米50～150瓦，灯悬挂于苗的上方 2～2.5 米处。注意灯罩应尽可能小一些，以减少阴影。照明灯具可以活动，使用方便。

(七) 遮光设备

遮光设备很多，既可使用专门用于覆盖遮荫的遮阳网，又可就地取材用竹劈子、苇子、秫秸等物编织成花荫帘，甚至还可利用透光率较低的旧塑料棚膜等。

1. 遮阳网 又叫遮荫网、遮光网。国产品种大多是以聚烯烃树脂为原料，经加工拉丝后编织而成的一种网状新型农用覆盖材料，它具有重量轻、强度高、耐老化的优点，同时又具有良好的透气性和遮荫降温、防雨防虫效应。近几年，上海、江苏、广东等地把这种新型覆盖材料应用于夏季蔬菜生产和育苗上，都取得了极为明显的效果。遮阳网具有减弱光照强度、降低环境温度，减缓风速、增加空气湿度，减弱土壤水分蒸发、保墒防旱，防虫防病等效应，为秧苗生长创造了一个较为适宜的环境。

遮阳材料一般有黑色遮阳网、银色遮阳网、铝箔遮阳幕等，遮阳网的宽度目前有 1 米、2 米、4 米等，颜色有黑色、银灰色、白色、果绿色与银灰色等。其透光率因型号不同而异，遮光率幅度在 20%～75%。

2. 遮阳系统配件 遮阳系统按驱动方式可分为托幕线拉幕系统和齿轮齿条拉幕系统。托幕线拉幕系统配件主要包括：遮阳网、托幕线、压幕线、活动边铝型材、减速电机、传动轴、换向轮、驱动线等。电机减速机带动传动轴转动，牵引驱动线上的遮阳幕活动导杆随驱动线运动带动遮阳幕开启或关闭，实现遮阳幕的启闭操作。

齿轮齿条拉幕系统配件主要包括：遮阳网、传动轴、齿轮齿条、减速电机、活动边铝型材、推拉杆、支撑滚轮、托幕线、压幕线等。工作时，电机减速机带动驱动轴转动，驱动轴带动齿条移动，连接在齿条上的推拉杆跟着移动，固定在推拉杆上的遮阳幕随着推拉杆运动，从而实现遮阳幕的启闭操作。

（八）二氧化碳施肥设备

用二氧化碳气肥发生装置可以产生大量二氧化碳。如陈巧芬等人首先研制成功的、适合农村条件下使用的二氧化碳发生装置，以液化气为原料。中国科学院山西煤炭化学研究所和太原重型机器厂研制生产的 NC-A 型农用二氧化碳发生器，以焦炭或木炭为原料。

用碳酸氢铵和硫酸反应产生二氧化碳气体施肥，方便易行。每 667 平方米棚可先将 1.2 千克浓硫酸倒入 4.8 千克水中（切记顺序不可颠倒），边倒边搅配成稀硫酸，然后按 3 千克稀硫酸液对 1 千克碳酸氢铵的比例混合，碳酸氢铵要先放入容器内。

（九）降温设备

1. 湿帘—风机降温系统 湿帘—风机降温系统是强制降温的主要方式，由湿帘、供回水系统、风机和附件、电动控制系统组成，降温效果好、操作简单、使用寿命长，通过湿润净化的空气更有利于室内作物的生长。利用水的蒸发通过热湿交换的原理，给空气加湿和降温。系统通过循环供水将水送到湿帘顶部，均匀淋湿整个湿帘墙，从而将湿帘的表面湿润。当空气通过潮湿的湿帘时，水与空气充分接触，使空气的温度降低，达到降温的目的。

湿帘通常安装在温室的北面，风机安装在温室的南面。当需要降温时，启动风机将温室内的热空气强制抽出，形成负压，同时水泵将水淋湿湿帘墙。室外空气因负压被吸入室内的过程中，以一定的速度从湿帘的缝隙穿过，导致水分蒸发和降温，冷空气流经温室吸收室内热量后，经风机排出，从而使室内温度降低。

2. 遮阳降温 遮阳降温是利用不透光或透光率低的材料遮

住阳光，阻止多余的太阳辐射能进入温室，既保证室内正常的光照，又降低温室内能量聚集，降低温室的温度。遮阳方法有室内遮阳和室外遮阳。

(1)室内遮阳降温　是将遮阳网装在室内，将进入温室的阳光进行遮挡。当阳光进入温室后，遮阳网反射一部分阳光出室外，一部分阳光透过遮阳网提供植物正常生长，另一小部分被遮阳网所吸收，提高了自身及空气温度。室内遮阳降温的效果主要取决于遮阳网反射阳光的能力。不同材料制成的遮阳网使用效果差别很大，目前以铝箔遮阳幕的遮阳降温效果为最好。为了以最少的投资达到最大的使用功能，目前室内遮阳网都要求兼具遮光、降温、保温、节能、防露滴等多种功能。因此，现代化的大型温室大都设内遮阳系统。

(2)室外遮阳降温　是将遮阳网装在室外，将阳光在室外进行遮挡。由于遮阳网设在室外，遮阳网吸收太阳能后对温室内的空气几乎没有影响，因此外遮阳的降温效果比室内遮阳降温效果好。

3. 微雾降温系统　主要由加压泵、过滤器、雾式喷嘴、管路及电控部分等组成。水经过滤器过滤后进入压力泵，加压后的水通过管路输送到喷嘴，以高速度喷出形成雾状的细微雾粒充分与空气混合，在蒸发过程中大量吸热。同时中和空气中的过量正离子，增加负离子在空气中的含量，然后将潮湿空气排出室外，有效地调节温度和湿度，从而达到降温目的。该系统降温成本低，配合遮阳系统综合使用降温效果明显，降温能力 3℃～10℃。采用可调雾化时间设定，具有自动关水、断电、体积小、操作方便等特点，对空气相对湿度较低的地区和自然通风好的温室尤为适用。

(十)喷淋浇水设备

通过进水管与水源控制阀连接高位水箱。水箱的下水口上设置有开关装置，下水口与条形分水管连接，条形分水管上的多个出水口通过支管与喷淋头连接。使用喷淋浇水设备，可代替人工浇水，具有体力劳动小、生产效率高、浇水均匀、适合于规模化生产的特点，还可方便地实现定时、定量自动喷淋浇水。

二、常规育苗技术

(一)苗床的选址和建造

1. 苗床选址　苗床要建在高燥、背风、向阳，不受其他障碍物遮荫，土壤肥沃、排灌方便、不重茬的土地上；应尽量靠近水源和电源，要求水源水质较好，有进出方便的交通条件，在移栽区中心位置，建在村庄附近，便于管理。

2. 苗床建造

(1)冷床的建造　冷床的特点是设备简单，取材方便，成本较低，只要使用得当，可以育出符合栽培要求的优质秧苗。冷床是由风障、栽培畦和畦上覆盖透明或不透明物组成(图 3-3)。畦向均采用东西向，坐北向南以便接受阳光和抵御风寒。冷床的建造包括做畦墙，扎风障，加盖覆盖物等程序。育苗用的冷床，最好选在地势高燥、背风向阳、距水源较近的生茬地建造。首先做畦墙。为了使畦墙牢固，做畦墙的土壤湿度要适宜，不可过干过湿。冷床结构一般宽 1.5 米，

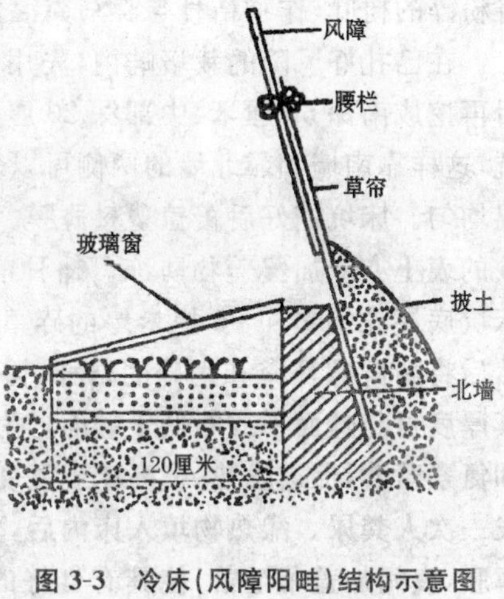

图 3-3　冷床(风障阳畦)结构示意图

长 20 米(不要超过 30 米)。一般畦后墙高 40 厘米,上宽 20 厘米,南墙高 10～12 厘米。东西两墙顺南北方向按南北墙高度形成南低北高的斜坡,墙宽 30 厘米。建风障的材料以玉米秆、高粱秆等为好。扎风障时,在畦北墙外挖一条沟,然后将捆好的玉米秆等按照与地面呈 70°角,紧贴畦北墙深埋 30 厘米。阳畦打好后,要将畦内土挖出 30 厘米左右,进行翻晒熟化,并于播种前搭好风障。播种前把畦耙平,灌水坐实后放置营养钵。播种后畦上盖薄膜,夜晚加盖保温覆盖物。

(2)酿热温床的建造　酿热温床的原理是依靠细菌分解酿热物中的有机物所产生的热量来提高畦土地温。新鲜的骡马粪、树叶、杂草以及作物秸秆粉碎物都是较好的酿热物。骡马粪富含细菌及细菌繁殖所需要的碳、氮等营养,用来作为酿热物发热快、散热多;树叶和作物秸秆则发热较慢,但酿热时间较长。因此,可以将粉碎的树叶、作物秸秆与骡马粪混合使用。

在已扎好风障的栽培畦内,先用铁锨将表土层起出堆放。然后再挖成南深 50 厘米、中部深 20 厘米、北深 33 厘米的半圆形床坑,这样靠南墙和靠北墙的两侧可以多填些酿热物,能使以后的床温均匀。床坑挖好后覆盖塑料薄膜、苇毛苫等,防止畦内结冰。堆放的表土亦应加覆盖物防冻。播种前 10 天左右填酿热物。可在床坑底层先铺垫 4～5 厘米厚的碎草或麦糠,以利于通气和散热。然后将新鲜骡马粪和细碎的秸秆、树叶按 3∶1 的比例填入床内,其厚度可与畦面平或略低于畦面。为了增加酿热物中的细菌数量和氮素营养,促进发热,提高床土温度,在填酿热物时,可每填一层泼一次人粪尿。酿热物填入床内后,要保持疏松状态,并覆盖塑料薄膜,夜间加盖苇毛苫,使其有良好的通气性和初温条件,以利于细菌活动,促使酿热物早发热。当床内酿热物的温度升高到 50℃～60℃时,选晴天中午揭开薄膜,将床内所填的酿热物踩实整平,其上覆盖 2～3 厘米厚的土。为防止地下害虫,每平方米可撒施2.5%敌百虫粉8～10克，接着将调制好的营养土填入床内，填好营养土后再踩一遍，要注意把床内四周的床土踩实。防止在浇底水时畦面下陷，踩实后再耙平畦面，准备播种。要发挥酿热温床的性能，必须注意以下几点：一是所用的马粪等填充料一定要没有发酵的，已发酵过的马粪不再生热；二是苗床内的酿热物要有一定的厚度，一般为20～50厘米；三是酿热物要有75%左右的含水量和10℃以上的初温条件；四是浇灌底水时不能大水漫灌，以防止降低酿热物的温度和恶化通气条件，影响甚至中止酿热细菌的活动，停止发热。

(3)电热温床的建造　电热温床是20世纪80年代初发展起来的一种新型育苗设施，在蔬菜早熟栽培中已广泛用来培育茄果、瓜类喜温性作物的秧苗。这种温床是在日光温室、大棚、玻璃苗床或小拱棚等设施的床底，铺上电热线以提高土温，并可与控温仪配套安装，达到自动控温。瓜类作物播种后，利用电热加温促其出苗快，出苗整齐，也可保证幼苗根系生长。电热温床虽然一次投资比较大，但安装和管理都很方便，也不会出现温度过高烧苗或温度过低烂种的现象。特别是在西部地区，冬季寒冷，气温、土温低而不稳，采用电热温床育苗可克服上述缺点。

电热线是上海市农科院农业机械化研究所制造的，与一般电线不同的是，接上电源后产生的热能可以散发到土层内以提高地温。电热线的长度和电功率是一定的。如长60米的电功率为600瓦，长80米的电功率为800瓦，长100米的功率为1000瓦。可根据当地气温条件、育苗数量和苗床规模选购不同功率的电热线。

电热温床设置的程序和方法：为了保温和便于管理，特别是在雨天便于操作，电热温床多设置在大棚或日光温室内。苗床长度比大棚或日光温室短2米，床宽1.2米，深20～25厘米。床底要平整。在地下水位较高的地区，先铺一层塑料薄膜，防止地下水上升而影响土温，薄膜上铺10～12厘米厚的木屑或干麦秸作隔热层，避免床土内的热量散失，以节省用电。隔热层要踏紧，上面再加5厘米厚的细土，轻轻耙平以便铺线。在布线前先要计算好每平方米苗床需要多少电功率产生的热能可使土温达到28℃～30℃，再根据电热线的长度或功率来决定布线间距。日光温室播种甜瓜要求土温达到25℃～28℃，每平方米苗床需要电功率为60～80瓦，若用1 000瓦的电热线，布线间距为12～14厘米。为了克服苗床四周床温较低的弊病，边行的布线间距可适当缩小，苗床中央的布线距离可适当加宽。但苗床平均间距要求不变。布线必须将线拉直、拉紧，为此可准备好2根长度与温床宽度相等的窄木条，木条两端各穿1个小圆孔，以便插入铁扦把木条固定在苗床两端。木条上按布线间距钉上3.3～5厘米的圆钉，以便绕线。布线时，将电热线来回绕在圆钉上。布线完毕，将床坑两端的木条轻轻拿出，床面撒细土1～2厘米厚，将电热线覆盖严密。随后，接上电源检查电路是否畅通，若无故障，切断电源后才能将营养钵排入床内。设置电热温床应注意以下4点：一是不能将电热线随意剪断或打结；二是布线前检查电热线外层是否破裂，绝缘层若有裂缝则不能使用；三是应将控温仪与电热温床配套使用(图3-4)；四是电热温床一般应设置在大棚或日光温室内。

电热温床育苗程序和管理与阳畦育苗大体相同，但在管理上应注意以下几点：①尽可能地充分利用阳光，节约用电，降低成本。要提前准备苗床，播种前烤畦，提高畦内温度；催芽播种，可以加快出苗，提高出苗率；加强覆盖物的管理，注意保温。②温度管理最好采用温度控制仪。在有控温仪的条件下，只要调好控温指标，床温即可控制在最适宜的温度范围内。为了控温准确，温度探头插放的位置应在距苗床两侧山墙2～3米、距南墙30～40厘米处。出苗期探头插入床土的深度和播种深度一致，幼苗期应在根系先端部位所在深度。③水分管理。电热温床的地温是可控的，浇水

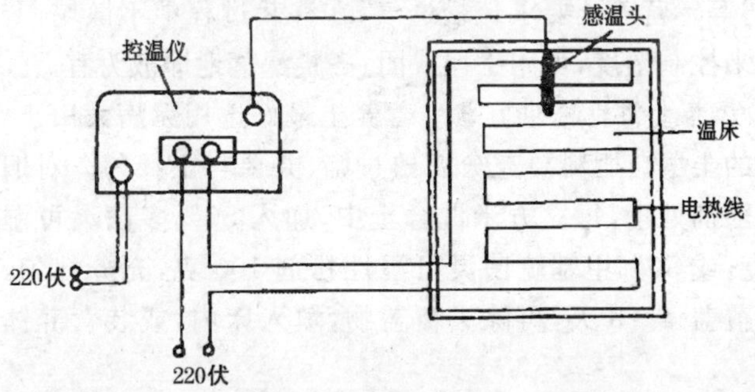

图 3-4　电热温床控温系统示意图

后地温降低可通过加热来解决。试验证明,床土湿度较大,有利于电热线的热量向外传导和保温。但是由于床温高,水分蒸发量大,秧苗耗水也多,因此无论采用营养土育苗或容器育苗,播种前均需浇透底水,同时育苗期还可以根据床土水分状况及时喷水,以补充因床温高而散失的水分。由于床内湿度较大,应注意苗床通风降湿的问题。④注意秧苗锻炼。电热温床的小气候环境好,秧苗生长速度快,但地上部分保护组织不发达,抗逆性弱,因此必须十分重视分苗和定植前的锻炼,炼苗期昼夜都应停止加温,并加大通风。为使秧苗健壮,3 叶期开始,可每隔 5～7 天喷 1 次 0.2%～0.3%磷酸二氢钾与 0.3%尿素溶液,作叶面追肥。

(二)营养土的配制

1. 营养土配方　营养土的配制与幼苗健壮和护根效果有密切关系。营养土要求疏松,团粒结构好,既透气又保水保肥,无病虫和杂草种子,而且要满足苗期对氮、磷、钾各种营养的需要。营养土的配方是肥沃田土 60%加充分腐熟的有机肥 40%。配制营养土时必须选用 5 年没有种过瓜类作物的大田表土,以减少病害的发生。切忌施用未经腐熟的生粪、饼肥。如田土较瘠薄,可在每立方米床土中加氮磷钾复合肥 1 千克;若土质过黏,应酌情掺草木灰、木屑等。营养土要求疏松透气，在移栽过程中不散坨，装土时用水分来控制湿度，可用手捏成团、齐腰深落地即散为宜。

2. 营养土消毒杀虫方法 营养土最好选用无病大田土，忌用蔬菜茬的土壤。肥料要充分腐熟过筛，并要与土拌匀。对旧床土要进行药剂处理，每立方米混合土中，加入50%多菌灵可湿性粉剂80克，或50%甲基硫菌灵可湿性粉剂100克，充分拌匀，用塑料薄膜覆盖4～5天，再除去覆盖物，填入床内，或装营养钵待播种。

(三)育苗容器的选择

容器育苗是将蔬菜种子直接播于容器中，或将幼苗移栽于容器中培育秧苗的一种育苗方法。容器育苗方法的优点是定植时秧苗伤根少、缓苗快、成活率高，便于育苗机械化和秧苗运输，是现代化工厂育苗和专业化大批量商品秧苗生产的主要技术之一。

1. 营养钵育苗法 营养钵育苗法应用非常广泛，种类也很多，国内最常见的是用聚乙烯制成的单个软体育苗钵。营养钵的规格：上口直径8～10厘米，高10厘米。在全国各地有专门的商品出售，使用方便，一次投资可用2～3年，这种塑料钵有固定的形状，装培养基质方便，使用寿命长。

2. 营养纸钵育苗法 营养纸钵是用纸钵器和废纸(报纸、书本纸等)做成。纸钵器可用罐头盒或废旧白铁皮做成，方形或圆形，最好做成圆形。筒径8厘米，高12厘米，一头开口，不开口的一头中心扎孔，穿过一段细绳。两头打结用以提起。营养钵从苗床的一端做起，用纸钵器装满营养土，用一张纸(约16开大小)沿纸钵器未开口一边包裹在筒外，接口重叠，按倒上口多余部分，将上口包严，然后趁势将纸钵器连土迅速翻转过来。筒口朝下排放在苗床预定的地方，提起筒底的绳头将纸钵器抽出，营养土即留在纸钵内并保持纸钵器的大致形状，一个营养纸钵就做好了(图3-

5)。每排纸钵相互挤紧，排放整齐，装土多少要一致。1人1天可做800多个营养纸钵。播种前3～4天浇底水，将整个纸钵营养土浇透，最好喷洒或轻浇，以免把营养土冲起。然后覆盖薄膜烤畦并保温，尽量提高床温，使之稳定在15℃以上后播种，播种应在晴朗无风的中午进行。

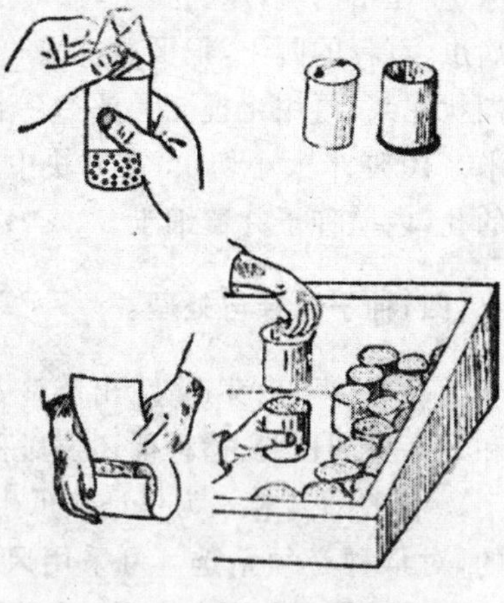

图3-5　营养纸钵制作过程示意图

营养土准备：厚皮甜瓜育苗的营养土成分及体积比例是，肥沃的表土60%加充分腐熟的有机肥40%。配制成既肥沃又疏松的营养土。如土质黏重，可适当填加少量细砂、木屑等。否则，播种后土壤升温慢，影响幼苗生长，营养土团硬实，根系伸展困难，定植后缓苗发根慢。一般12平方米的苗床可育667平方米地所需的瓜苗，制作营养钵用的营养土大约1立方米。每立方米的营养土中还应加入氮磷钾复合肥1～1.5千克及少量杀菌、杀虫剂。播种前6～7天将表土和各种肥料打碎过筛，按比例充分混合堆制。做营养纸钵时，在地墒充足的苗床上铺一层细砂或炉灰，以利于起苗。

播种前用营养土覆平浇底水后营养钵内下沉形成的凹陷。每个钵内在近中心部位播发芽的种子1～2粒，种子平放可防子叶“戴帽”出土。随后覆湿润的营养土1厘米。整畦播完后，立即覆盖薄膜增温保温。

3. 营养土块和营养坨育苗法　营养土块育苗可不用容器，操作简便，成本低，也有较好的护根效果。其做法是：在已有的苗床掘深15厘米的坑，床底要平，撒一层沙或草木灰，然后倒入过筛的无病虫、草籽的园土，耙平后再铺5厘米厚的厩肥，浇适量水，和成稠糊状泥浆，再用耙搅匀整平。等泥土表面发白时，用菜刀按10厘米×10厘米大小切块，在方块中央用木制模型压一个直径3厘米的孔，内播种子并覆细土。

(四)种子选择与处理

为确保种子发芽迅速、出苗整齐，对播种用的种子应先做发芽率和发芽势的检验，播种前还要对种子进行处理。

1. 晒种和选种　为保证甜瓜生长整齐一致、达到高产优质的目的，对瓜种必须精选，可采用风选、水选、手拣等方法，去除破粒、病虫粒、秕粒和混杂品种，选留饱满、籽粒均匀、具有本品种特性的种子。利用阳光暴晒种子1～2天，也有杀菌和灭虫的作用。

2. 种子消毒与浸种　种子在采集过程中常常感染和携带各种病原物，这种种子会传染给幼苗和成株，而导致病害的发生。播种前消毒可以减少病害的最初侵染源，特别是对于由外地引进的种子更应进行消毒处理，以减少危险性病害的侵入。

(1)*温烫浸种*　将体积相当于种子体积3倍的55℃～60℃的温水，倒入盛有种子的容器，边倒边搅拌，待水温降至30℃左右时停止，静置浸泡6～8小时。这种方法可以杀死种子表面的病菌，有一定的消毒作用，但对种子内部的病菌杀灭不彻底。对从无病种子田采收的种子可用这种方法。

(2)*开水快速烫种*　此法简单易行，并有一定的效果，一般可结合浸种进行。开水快速浸种是先将种子浸入冷水中浸泡1～2小时，种子每50～100克包于纱布内，用细绳系住，迅速放入90℃的半沸水中，纱布内种子不要包紧，待浸烫到全部种子时，再迅速提出，稍凉一下再放入，如此反复4～5次后，再浸种催芽。也可干籽直接烫种，方法是预先准备好一壶开水和一盆冷水，先将种子放入大口径容器中，倒入相当于种子体积5～6倍的90℃热水，快速搅拌5秒钟后，迅速加入足量冷水，使水温降到50℃以下，再浸种催芽。这种方法杀菌效果好，但若掌握不好，会把种子烫死，所以先要进行试验，小心进行。

(3)药剂消毒　药液浸种常用的药剂有磷酸三钠、高锰酸钾、甲醛等。甜瓜种子用10%磷酸三钠溶液浸种20分钟，或用1%高锰酸钾溶液浸种20～30分钟，可以钝化种子上带的病毒。用1%硫酸铜溶液浸种5分钟，可防治炭疽病和细菌性斑点病。用25%苯来特可湿性粉剂或50%多菌灵可湿性粉剂500倍液浸种1小时，或用种子重量0.3%的福美双溶液浸种40分钟，可以防治甜瓜蔓枯病。药剂拌种可以有效防控甜瓜立枯病，拌种用70%敌磺钠粉剂，药量为种子量的0.3%～0.4%，拌种要求是把药粉均匀地粘在每粒种子上，方法是把种子和药装入罐中盖严摇动，拌过药的种子可直接浸种催芽播种。

3. 催　芽

(1)催芽设备

①恒温箱：恒温箱是催芽最常用的设备之一，控温准确，催芽效果好，但设备成本高，催芽量少。

②简易发芽箱：可以根据需要自制，用木板拼制成箱体，用250瓦电热线加热，安装控温仪自动控温。

③电褥子催芽器：采用市售电褥子，最好有高温挡和低温挡的。将电褥子放在床或桌子上，上面铺一层塑料薄膜，薄膜上放两层纸或纱布，将浸过的种子沥去水分，铺在纸或纱布上。厚度2厘米左右，种子上再盖纱布，纱布上覆盖塑料薄膜，薄膜上盖棉被。接上电源，通过加减覆盖物和高温与低温挡调节温度。

(2)催芽方法

① 布卷催芽法：种子经消毒后洗净，常温下浸种6～8小时使种子充分吸水，然后淘洗干净沥去水，用清洁、湿润、沥干的纱布或

毛巾包好，放在瓦盆或其他容器内。在28℃～30℃条件下催芽，催芽过程中应注意保温保湿，使温、湿度平稳，24小时后大多数种子都已发芽，芽长不超过0.5厘米时播种。如果天气不宜播种，应把种子摊开，盖上湿布，放在10℃～15℃的条件下抑制生长，等待播种。

②沙床催芽法：先将清洁的河沙过筛，再蒸煮灭菌，冲洗干净，沙内水分以用手紧握不出水、松手即散为度，再将浸泡晾好的种子播种在河沙中，然后置于容器内，上面盖上湿润的湿布进行催芽。

③电热控温催芽法：将浸泡好的种子放入电热控温催芽箱中催芽，其温度可以自行调控，管理更为方便，发芽日期准确。

④变温催芽：一般有2种方法：一是浸种后先放在25℃条件下12小时，再放在5℃～8℃条件下12小时，如此反复直至种子发芽。二是种子"露白"后，将其放在0℃～2℃条件下1～2天，然后再播种，经低温处理后的种子能提高胚芽原生质浓度，增强抗寒性，提高生活力，促进早熟、增产。

(五)播种技术

1. 适宜播种期 甜瓜育苗播种期主要根据当地气候条件和苗龄来决定，具体掌握时应考虑三方面的因素：一是栽培方式和保温性能。如日光温室加小拱棚加地膜栽培，其播种期可周年安排；如用小拱棚加地膜栽培其播种期要比露地栽培提早25天。二是育苗条件及育苗方式。在日光温室内的电热温床育苗播种，因其设备条件好，一年四季都能育苗。三是栽培茬口。作物育苗要根据不同的栽培季节和茬口进行播种。按移栽定植时间推算，一般在定植前30～35天播种。依照栽培方式确定适宜的播期，选用不同的育苗方法。

(1)春季露地栽培　播种期为3月下旬，定植期为4月下旬，苗龄30天左右。采用冷床营养钵或营养土块育苗即可。

(2)春季小拱棚覆盖早熟栽培 播种期为2月中旬,定植期为3月下旬。苗龄35~40天,采用冷床营养钵或营养土块育苗。

(3)春季拱圆形塑料大棚栽培 播种期为2月上旬,定植期为3月中旬,苗龄35~40天。如果大棚采用多层覆盖,播种期和定植期可再提前5~7天。育苗方法为电热温床。

(4)春季日光温室栽培 播种期为12月中旬至翌年1月上旬,定植期为2月上中旬,苗龄35~40天。育苗期是全年气温最低、光照时间最短的时期。要培育优质秧苗,必须采用日光温室电热温床育苗,同时采用嫁接苗。

(5)日光温室秋冬茬栽培 播种期为8月上中旬,定植期为9月上中旬,苗龄30天。棚外播种,棚内培育嫁接苗。

全国各地的气候条件差异很大,栽培方式也不尽相同,播种期因栽培方式不同而异。上海市南汇等地以小拱棚三覆盖为主要栽培形式:用小拱棚电热温床育苗,播种期以2月中旬为宜,苗龄30~35天,3月中下旬可陆续定植。南京、合肥等地以大棚加地膜为主要栽培形式。在大棚和日光温室电热温床育苗,播种期以2月中下旬为宜,苗龄35天,3月底至4月初定植完毕。甘肃省河西地区以日光温室、小拱棚和露地栽培为主要形式。日光温室栽培用日光温室加温育苗,播种期以12月下旬或翌年1月上旬为宜,苗龄25~30天,2月上中旬可陆续定植。小拱棚加地膜栽培用日光温室育苗,播种期以3月上中旬为宜,苗龄25~30天,4月上中旬可陆续定植。

2. 播种方法 冬、春季育苗要选择晴暖天气的上午播种,夏、秋季育苗宜于傍晚播种。播种前苗床要浇底水。早春育苗要提前浇灌,浇后有一定时间烤畦,提高床内地温。为使已催芽的种子播于湿土上,播种前可再喷点温水,以润湿床面。如苗床过湿,可在床面上先撒一薄层细土。播后再覆盖1~1.5厘米厚的细土。用营养钵等容器育苗的，可以把营养钵排放于苗床内，浇足底墒水，把种子播于容器中央，每钵内播已发芽的种子1～2粒。采用营养土块育苗的，把营养土填入床内，耙平踏实，浇底水，按10厘米×10厘米见方，用刀切方块或只划出方格，每个方格中央播1～2粒种子，随播种随用少量细土盖严种子。全畦播完后覆土，厚度为1.5厘米左右。播种完成后，冬、春季育苗时，用地膜覆盖于床面，其上不用压土，开始出苗时揭去，同时把畦上塑料薄膜等覆盖物盖好。夏、秋季育苗，需遮荫降温者，苗床上可搭盖遮阳网。

(六)苗期管理

1. 温度管理 育苗期温度可按以下4段管理。

(1)播种后到开始出苗 应控制较高的床温，促其快出苗，适宜床温为25℃～30℃。冷床育苗者，应防止出现低于10℃的床温。如果床温连续数日低于10℃，常会出现烂种。床温适宜，一般5天即可开始出苗。

(2)从出苗50%到第一片真叶显露 这一时期也叫破心。要及时降温，保持较低的床温，适宜温度为白天20℃～25℃、夜间13℃～15℃，地温15℃～20℃。尤其注意控制夜温，不可偏高，防止胚轴徒长形成高脚苗。

(3)成苗阶段 从第一片真叶展开至移栽前7～10天，此阶段适宜温度为白天25℃左右，夜间13℃～15℃，地温15℃～18℃。苗床内不能太干，床土应经常保持湿润状态。如果床土干旱，土壤中氮肥过多，秧苗含糖量及碳氮比会下降，雌花出现推迟而影响早期产量。

(4)移栽前秧苗锻炼 移栽前7～10天，逐渐加大通风量，降低床温，以提高秧苗的适应能力。床温控制在白天15℃～20℃，夜间10℃～13℃。

2. 光照管理 光是幼苗进行光合作用的能源，在早春育苗中，又是育苗设施中的热量来源。光照时间的长短和光照强度，决定着育苗环境的温度。光对幼苗生长和发育的作用：一是影响秧苗叶片的光合作用强度和干物质的积累。二是能改变幼苗的形态。在北方早春育苗中，正值1年中光照时间最短、强度最低的时期，因此苗床光照时间和强度都难以达到秧苗的要求。苗期管理，在措施上必须保证有充足的光照。在管理上，要根据天气情况掌握揭盖覆盖物的时间，尽量争取早揭晚盖，延长光照时间。根据床内温度状况，掌握通风时间和通风量，特别要注意夜间床内温度的变化，前期防止夜间温度偏低，中后期防止夜间温度偏高。此阶段容易发生的问题：一是由于光照不足，夜间温度偏高，氮肥过多和土壤水分过高，形成徒长苗。其形态表现为茎细长，叶变薄、叶色变淡绿，节间明显加长，根系发育不良。这种徒长苗，花芽分化和发育都差，数量也明显减少，移栽后缓苗慢，易落花，不易获得高产。二是由于控制过度，幼苗生长发育受到过分抑制，形成老化苗。主要原因是夜间温度偏低，床土水分明显不足。其形态表现与徒长苗相反，节间短，叶量少、叶片小，秧苗生长速度慢，严重者停止生长，老化苗定植后生长缓慢，易落花落果，产量也低。

3. 水分管理　水分是秧苗生长发育的必要条件。苗床水分除供应秧苗吸收利用外，还关系着土壤的温度、通气性和床内空气湿度的变化。适于秧苗生长的床土含水量，一般为土壤最大持水量的60%～80%。播种苗床要在播前浇足底水，分苗前一般不浇水；用容器分苗的，分苗后浇足水；用营养土块育苗的，分苗时浇水，一般在定植前不浇水。如床土干旱，可向床面喷水。特别是温床育苗的，因土壤温度高，水分蒸发量大，要注意及时向床土喷水；用营养土块育苗的，提前5～7天在苗床中浇水，水渗下后，用长刀在行、株间切方块，切的深度为10厘米左右。起苗时断根已经愈合，土块含水量适宜，便于起苗，也可减少因散坨造成的伤根。

4. 施肥　按营养土配制的要求，在营养土中加足够的肥料，一般苗床不追肥。成苗中后期，秧苗生长加快，可喷施1～2次叶面追肥。若有微量元素缺素症出现，可对症喷施微肥，也可结合叶面追肥施入微肥，一般喷施0.2%磷酸二氢钾溶液。若幼苗叶色偏淡，可混合0.2%的尿素溶液一起喷施，苗期喷2～3次即可。

5. 病虫害防治 苗期病害主要有猝倒病、立枯病及沤根，应实行以加强苗床管理、培育无病壮苗、结合施用药剂为重点的综合技术措施。

(1)种子处理 可用50%多菌灵可湿性粉剂、50%福美双可湿性粉剂、70%敌磺钠粉剂拌种，用药量为种子量的0.3%～0.4%，拌种要求是把药粉均匀地粘在每粒种子上。方法是把种子和药装入罐中盖严摇动。

(2)苗床选择和土壤消毒 苗床应选地势高、排水好的新地或轮作3年以上的无病地，大棚苗床必须选用无病土育苗。如用连作地或带病土壤，则苗床需深翻或用药剂消毒，每平方米苗床用50%多菌灵可湿性粉剂8～10克与30～50千克细土拌匀，取1/3药土铺底，2/3药土覆在种子上，播后保持床面湿润。或将以上药土制成营养钵，再播种育苗。也可在播种前每平方米床土用40毫升40%甲醛加50倍水，喷洒床土，并注意翻匀，然后用农膜覆盖1周，揭膜后待甲醛气味散发后(2～3周)方可播种。

(3)药剂防治 当苗床发现少数病苗时，应立即挖除，移出苗床处理。并在病苗及其周围或全苗床喷洒下列杀菌剂：50%多菌灵悬浮剂500倍液，或72%霜脲·锰锌可湿性粉剂400～500倍液，或50%烯酰吗啉·代森锰锌可湿性粉剂1000倍液，或75%百菌清可湿性粉剂600倍液。在移栽前叶面喷1～2次。

6. 定植前炼苗 这是苗床管理的最后1个环节，目的在于增加秧苗对大田栽培环境的适应能力。方法是在定植前7～10天逐渐降低苗床温度，加大通风量，逐渐撤除床面覆盖物，直至定植前3～4天全部撤除覆盖物，使育苗场所的温度接近栽培场所的温度。采用营养土块育苗的可结合浇水、切块一起进行。大棚内育出的秧在大棚中定植，由于育苗环境与栽培环境变化不大，可以稍行锻炼。

三、嫁接育苗技术

为了适应今后发展厚皮甜瓜生产的需要，应逐步提倡用南瓜、瓠瓜、抗病甜瓜等作砧木与甜瓜嫁接。使用嫁接苗栽培有以下特点：可以抵抗和有效预防枯萎病、蔓枯病、根结线虫等土壤病虫害；嫁接苗能耐低温，在早春的低温条件下，根系和茎叶比不嫁接的瓜生长发育好，吸水吸肥能力强，生长旺盛，更耐瘠薄、耐旱。因此，无论保护地栽培或早春露地栽培，嫁接苗较直播苗生长发育快，还可以早熟丰产。

(一)砧木的选择与准备

良好的砧木首先是必须具备与接穗有较好的嫁接亲和力，其次是根据不同的嫁接目的选取具有特殊性状的砧木。目前常用的砧木有瓠瓜、黑籽南瓜和印度南瓜等。也可选用抗病的普通甜瓜作砧木，与厚皮甜瓜亲和力更强，对品质无影响。据实验，以南瓜作砧木的嫁接苗，可以减少 1/3 的施肥量，而且更耐盐碱。

(二)接穗的准备

甜瓜种子消毒后，浸种 6～8 小时，使之充分吸水，沥去水分，用清洁湿润的纱布包裹，放入容器内，在 28℃～30℃条件下催芽，经 24～36 小时绝大多数种子即可发芽。甜瓜多播种在育苗盘中，这有利于在较高的地温下生长，并可随时移动，争取更多的光照。播种后 5～7 天出苗，发芽初期要维持较高温度，使下胚轴长至 5 厘米，以利于嫁接操作。其后白天温度保持 22℃～25℃，夜间

16℃～18℃，控制浇水，促进子叶发育，使之充分展开。嫁接前1～2天适当通风。也可在准备好的苗床上，浇底水后将种子整齐地排列在上面，盖1厘米厚细砂，浇透水后用地膜盖上，经5～7天培育出子叶平展的幼苗，苗龄短，根系小，细砂疏松，起苗时不会伤根，不需护根，移栽嫁接成活率很高，是一种省工省本容易掌握的育苗方法。

(三)嫁接方法

嫁接的厚皮甜瓜接穗比砧木早播4～5天。厚皮甜瓜播种后10～15天，第一子叶刚刚露头，砧木播种后10天左右，两叶一心时嫁接。

嫁接的方法有插接、靠接、劈接等，可因地制宜选择。

1. 插接 有顶插、横插、斜插接几种。其中以斜插最简便快速。具体方法是：掰除砧木真叶和生长点，用竹签(竹签断面的形状、粗细与接穗相近)从砧木一侧子叶上部朝着另一侧子叶的下部斜着扎孔，竹签尖部扎透，露出2毫米，用刀片将接穗削成两面平滑的楔形(或只削一面，切面向下)，拔出竹签，将接穗插入砧木，露出一点尖(图3-6)。

2. 靠接 靠接是一种不断根的嫁接方法，待嫁接成活后再切断接穗的根。因此，成活率很高，是初搞嫁接最好的方法。播种时将砧木和接穗种子先后播于一个营养钵内，砧木播在中央，接穗播在距离砧木种子2厘米处。到嫁接时剔除砧木生长点，从砧木一侧子叶下方5～6毫米处自上向下斜切，深达茎粗的1/3。接穗在相同位置由下向上斜切。砧木与接穗切口吻合，用卡子、胶带纸或其他东西固定，成活后切断接穗下胚轴(图3-7)。

3. 劈接 其砧木苗和接穗苗嫁接适期与培育方法同顶插接。嫁接方法是将砧木生长点切除，用刀片自上而下纵向下劈1～1.5厘米，但不可将砧木子叶下轴两侧全劈开；然后将接穗下胚轴削成

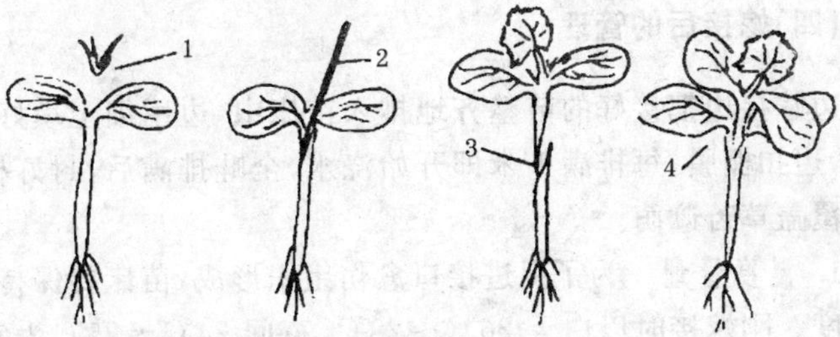

图 3-6 甜瓜插接法示意图

1. 去除砧木生长点 2. 砧木扎孔 3. 接穗切削 4. 砧穗结合

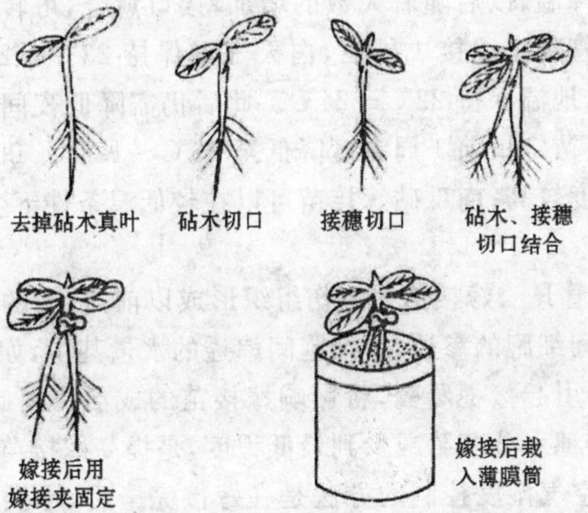

图 3-7 甜瓜靠接法示意图

楔形,削面长 1～1.5 厘米,把削好的接穗插入砧木劈口内,用拇指轻压平,使砧木和接穗表面平整,用夹子固定或用黏胶带粘住。

(四)嫁接后的管理

边嫁接边把接好的苗整齐地排入苗床中,边用细土填好钵间缝隙,边扣棚膜,每排满1米即开始浇水,全畦排满后,封好棚膜,白天覆盖草苫遮荫。

1. 温度管理 为了促进接口愈伤组织形成,苗床要保持较高的温度。刚嫁接时以白天26℃~28℃、夜间24℃~25℃为宜,晴天小拱棚内的温度会上升到30℃以上,夜间会降到15℃以下。而白天不能采用通风降温,只能用草帘、遮阳网等遮盖降温;夜间密闭并覆盖草帘保温,必要时用电热线加温。嫁接4~5天后开始通风换气进行降温,以后随着天数的增加,接口愈合,可转入按一般苗床的温度管理。嫁接1周后,白天气温保持23℃~24℃,夜间18℃~20℃,地温保持22℃~24℃。此后仍需降低夜间的气温和地温,在嫁接苗定植前1周温度降低至15℃~13℃。葫芦砧嫁接苗需要的温度较高;南瓜砧嫁接苗可以在较低温条件下生长,温度可低2℃~3℃。

2. 湿度管理 嫁接苗在愈伤组织形成以前,接穗的供水全靠砧木与接穗间细胞的渗透,而细胞间渗透的水量甚少,如果苗床空气湿度低,会引起接穗萎蔫,将影响嫁接苗的成活。因此,保持苗床湿度,把接穗水分蒸腾减少到最低程度,是提高嫁接苗成活率的决定因素。空气湿度控制的方法是在嫁接完毕后,小拱棚内充分浇水,严密覆盖塑料薄膜,使棚内湿度达到饱和状态。小拱棚膜面出现水珠,2~3天内不通风。3~4天后要防止接穗萎蔫,并使之逐渐接触外界条件,在清晨、傍晚空气湿度高时可开始少量通风换气,以后逐渐增加通风量和通风时间,降低小拱棚内的空气湿度,至嫁接成活,即可转入正常的湿度管理。刚嫁接后如接穗出现凋萎,可用喷雾器喷温水。如出现严重凋萎,将影响成活。

3. 遮光 嫁接后要避免阳光直接照射苗床,以免引起接穗失水凋萎。可行短时间遮光，同时要保持室内空气湿度稳定，防止出现高温。遮光的方法是在塑料小拱棚外面覆盖草帘、遮阳网、无纺布等不透光覆盖物。嫁接的当天和翌日必须严密遮光，第三天早晚除去覆盖物。以散射弱光照射 30～40 分钟。以后逐渐延长光照时间，1 周后只在中午遮光。10 天后恢复一般苗床管理。遮光时应注意天气情况，在阴天、雨天不遮光。覆盖物不宜过密过厚，使之可透过部分光线。遮光时间不能过长，遮光和通风二者相结合，避免密闭造成高温、高湿而引起损害。

若遮光过度，会影响嫁接苗的光合效能和生长。嫁接前就应培育苗龄适宜、苗体健壮的砧木和接穗并进行炼苗。

4. 病虫害防治 嫁接苗最容易发生的病害主要有猝倒病、根腐病和立枯病。在种子出苗后及时喷洒 80%乙磷铝 500 倍液。嫁接前 1 天，砧木和接穗用 75%百菌清可湿性粉剂 600 倍液进行均匀喷雾，预防病害发生。要使用无病苗进行嫁接，嫁接工具要进行经常性消毒，特别是在切苗时，必须要对嫁接用具进行消毒处理。另外，嫁接前或嫁接过程中，对嫁接场所也要进行药剂处理。做好防病是保证嫁接苗成活率高的关键，不要等到病害发生再防治。嫁接后要控制好苗床环境，避免苗床长时间处于高温、弱光、不通风的环境。嫁接后第四天，注意通风降低湿度。减少苗期病害的发生，可在嫁接后 10 天小拱棚撤去时，对嫁接苗进行药剂喷洒，使用药剂为 75%百菌清可湿性剂 600 倍液，隔 5～7 天后再喷 50%甲基硫菌灵可湿性粉剂 500 倍液。一旦苗床发病，应及时拔除病苗，并尽快提高地温，降低土壤湿度，及时喷药，可选用 75%百菌清可湿性粉剂 600 倍液和 64%噁霜锰锌可湿性粉剂 500 倍液，或 70%乙膦铝·锰锌 400 倍液等，注意喷洒幼苗嫩茎及叶片。

5. 除萌和断根 嫁接苗砧木切除生长点以后，根系吸收的养分和子叶的同化产物输送到侧轴，会促进不定芽发生和子叶节不定芽萌发，直接影响接穗生长，故砧木萌芽应及时除去。可用镊子夹住侧芽轻轻拉断或用小手术刀切除。注意不要伤及接穗和砧木子叶。定植前一般摘芽3～4次。靠接嫁接苗成活后还要进行断根，切断接穗的根部。切除接穗根的时间若过早，会影响接穗对砧木的吸水功能，进而导致接穗的凋萎。在接穗从砧木上能得到充足的养分后，穗轴的接口上部开始肥大，与下部有明显的差别，此时即为切断接穗根的适宜时期。从时间上推算，应为嫁接后18～20天，这时断根，接穗很少出现凋萎。

思考题

1. 育苗设施的种类和特点有哪些？
2. 电热温床的建造过程及应注意事项有哪些？
3. 为什么要进行种子消毒？试举例说明甜瓜种子消毒的主要方法。
4. 甜瓜苗期管理措施有哪些？
5. 为什么要进行甜瓜定植前的炼苗？举例说明炼苗的主要方法。
6. 甜瓜的嫁接育苗方法和嫁接后的主要管理措施有哪些？

第四章　保护地甜瓜栽培技术

一、设施准备

(一)栽培设施类型和结构参数

1. 小拱棚　设置小拱棚首先要选择地势高燥并排水良好的地块,小拱棚排列以棚长南北向为宜,即先按南北向做畦,畦宽 2 米,畦面宽 1.5 米,畦沟宽 0.5 米,长 30 米。在畦沟上面架棚,东西两边距沟沿 25～30 厘米处相对插竹片(竿)扎成拱形小棚,棚底宽 0.9～1 米,棚高 80 厘米,棚长与畦长一样,一般最长不超过 30 米,棚太长通风降温不方便。棚架用宽 4 厘米、长 2～2.2 米的竹片,两端插入土中,插入深度为 15～20 厘米,棚架间距 50～60 厘米,棚架上用宽 2 米的农用膜(厚度 0.06 毫米)覆盖,若用多功能防老化膜则使用年限更长、更为经济(图 4-1)。上膜后用泥土压紧膜脚,膜顶还要用压膜线或尼龙绳交叉扣紧,既可防风,又便于揭膜时将棚膜固定在一定高度,起到防雨的作用。

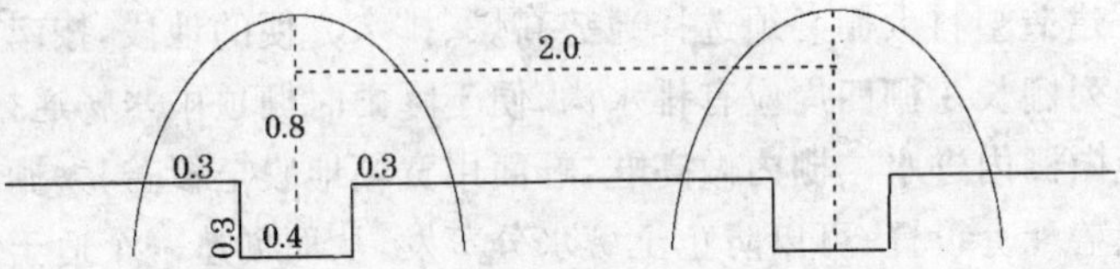

图 4-1　小拱棚结构示意图　(单位:米)

小拱棚搭建一般是与整地、起垄、播种、覆膜一次性做成。因为小拱棚栽培季节外面气温比较低，为了充分发挥拱棚的作用，提早上市时间，可以进行育苗移栽，即在定植前7～10天完成拱棚搭建并覆盖严密，利用晴天提高棚内气温和地温，起到预热作用。同时提早覆膜又可防雨，保证秧苗顺利移栽，尽量缩短移植后的缓苗时间，避免幼苗受冷风伤害。

与大棚和日光温室相比，小拱棚可以每年换地，避免连作障碍，设置方便，一次性投入较小。小拱棚地膜覆盖栽培每667平方米成本为800～1 000元，栽培甜瓜的产值可达到2 500～3 000元，经济效益很高。但小拱棚的保温性能不如大棚，遇强寒流低温天气秧苗难免受冻。为了提高防御自然灾害能力，小拱棚的设置、覆盖材料、秧苗质量、定植时间和相应的栽培措施都必须规范化，才能达到早熟、优质、稳产的目的。

2. 塑料大棚　南方厚皮甜瓜栽培用的大棚有2种类型：一是利用镀锌钢管装配成的大棚（简称管棚），它具有结构简单、用材料省、安装容易和便于自行加工等优点。一般跨度为4～6米，长30米，棚高2.2～2.5米，种植甜瓜的大棚要求棚边侧肩不低于1.5米，以适应立架栽培；二是竹木结构简易大棚，取材容易，可用宽5～6厘米的竹片或者直径为3～4厘米的竹竿作拱架，用圆木或水泥桩作支柱，一般跨度为4米，高1.8～2米，长20～30米（图4-2）。每667平方米一次性投资为1 500～2 000元，可使用3～4年。建造塑料大棚必须选择地势高燥、排水方便的地段，按南北方向排列棚长。棚四周应有排水沟，便于降雨时棚顶雨水畅通排出，避免向棚内进水。棚内做高畦，畦面用宽幅地膜全覆盖，大棚与地膜覆盖配套设置，可以防止土壤水分蒸发，从而创造一个适于甜瓜生长的温暖而又比较干燥的环境。

3. 日光温室　日光温室的类型有长后坡、短后坡和无后坡3种。各种类型日光温室又依立柱的有无（主要指采光屋面）分为有立柱和无立柱2种，无立柱温室又有水泥拱梁、菱镁拱梁和钢架拱

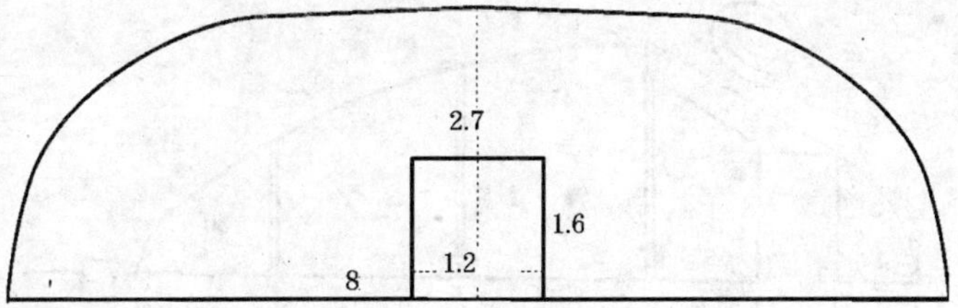

图 4-2　塑料大棚结构示意图　（单位：米）

梁等。依采光屋面的形式，日光温室可分为斜面形和拱形 2 种。依外覆盖（保温覆盖）的有无又可分为有覆盖和无覆盖 2 种。日光温室由于引进的来源、各地的栽培习惯和建造用材不同，规格和式样繁多，很不统一，更不规范，性能差别很大，应用效果相差悬殊。常用的有以下几种结构类型。

(1)普通型日光温室　常见类型是半拱圆形、无后坡日光温室。这种日光温室的结构特点是坐北朝南，东西山墙及北墙用砖砌成或用土夯筑而成，脊高 1.8～2.4 米，内跨 5～9 米，每两栋温室前后的间距 7～8 米。半拱圆形日光温室一般采用竹木或钢架材料作前屋面骨架，其上以塑料薄膜和草帘覆盖，后屋面为土木结构。在东西方向上每 3 米设一立柱，横纵向立柱都在一条线上。立柱粗 25 厘米左右，埋深 0.4 米，高 2.4～2.6 米。立柱上架檩条 2 根，檩长 3 米，椽子长 1.3 米左右。上铺玉米秸、稻草等隔热保温物，再上铺草泥抹平。在日光温室南端挖一条深、宽各 0.4 米的沟，用以埋插拱杆前端，在沟南侧再挖一防寒沟（图 4-3）。

(2)节能型日光温室　这是我国辽宁省创新的一种新的高效节能园艺设施，具有能充分利用太阳光热资源、节约燃煤、减少环境污染等显明的特色。在北纬 34°～43°地区冬天不加温而依靠太阳光热强化保温或少加温情况下，能在冬季生产喜温性果菜，在元旦和春节供应蔬菜淡季市场。

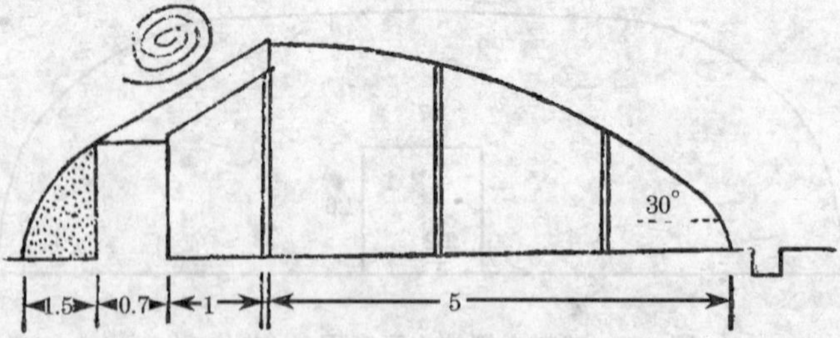

图 4-3　拱圆形日光温室结构示意图　（单位:米）

①辽沈Ⅰ型日光温室:该日光温室由沈阳农业大学设计,为无立柱式第二代节能型日光温室。结构参数为:跨度 7.5～8 米,脊高 3.5 米,后屋面仰角 30.5°,后墙高度 2.5 米,后坡水平投影长度 1.5 米。墙体内外两侧为 37 厘米砖墙,中间填充干土或炉渣作保温层(图 4-4)。另外,可选用新的轻质材料(如用 9～12 厘米厚聚苯板)代替干土、炉渣作墙体的中间夹层,使墙体变薄,操作省力;用轻质的保温被代替草帘作为夜间外覆盖保温材料,后屋面也采用聚苯板等复合材料保温,拱架采用镀锌钢管,配套有卷帘机、卷膜器、地下热交换等设备。

②廊坊 40 型节能日光温室:结构参数为:跨度 7～8 米,脊高 3.3 米,半地下式深入地下 0.3～0.5 米;前屋面的上部为琴弦微拱形,前底角区为 1/4 拱圆形,采用水泥立柱、竹竿竹片相间复合拱架结构,或钢架双弦、单中柱结构;前坡以塑料薄膜和草帘覆盖;后屋面仰角 50°,水平投影 0.8 米;后坡保温材料为秸秆、草泥等;后墙体为土筑结构,高度为 2.2 米,底宽为 4 米,顶宽为 1.5 米;前底角外部设防寒沟,以增强防寒保温效果;后墙上设通气孔,利于炎热季节通风降温。

③山东寿光型节能日光温室:结构参数为:跨度 8～10 米,脊高 3.3 米,半地下式深入地下 0.3～0.5 米;前屋面为微拱圆形或

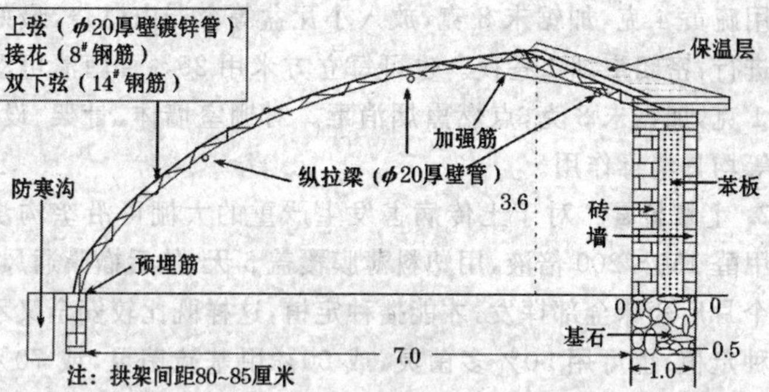

图 4-4　无支柱二代日光温室剖面图　（单位：米）

琴弦微拱式，采用钢架双弦、单中柱或无立柱式结构；后墙体为土筑结构，高度为 2.2 米，底宽为 4 米，顶宽为 1.5 米，有的在后墙土体内外两侧贴砖，还可配备卷帘机。

④甘肃白银 GJW-Ⅱ型日光温室：结构参数为：跨度 7～8 米，脊高 3.5～3.8 米，前屋面为拱圆形，采用钢架双弦、钢管或混凝土预制，单立柱式结构；后墙体为土筑结构，高度外侧为 3.3 米，内侧为 2.6 米，底宽为 3 米，适宜大多数蔬菜和瓜类作物反季节栽培。

（二）栽培设施消毒药剂和消毒方法

大棚、日光温室是相对固定的农业设施，一年建筑多年生产。为了提高土地利用率，常安排多茬进行周年生产。因此，连作重茬是不可避免的。又因为棚室内部温度高、湿度大，经多茬生产后病虫害种类和数量越来越多，时间越长，病虫害越重，各种蔬菜的残枝落叶及土壤成了病虫害传播的媒介和越冬的场所，加快了病虫的繁殖速度和循环侵染。所以，为了提高产量，减轻病虫危害，必须对土壤和棚室进行消毒。常用消毒方法如下。

1. 棚室内熏烟消毒　一般在播种前 2～3 天进行，每立方米棚体用硫黄4克，加锯末8克，放入小瓦盆等容器内燃烧，最好在晚间进行，密闭熏烟1昼夜。也可每立方米用25%百菌清可湿性粉剂1克，加锯末8克，点燃熏烟消毒。对棚室墙体、骨架、设备、用具等均具消毒作用。

2. 土壤消毒 对于土传病害发生严重的大棚可沿垄沟浇灌40%甲醛150～200倍液，用塑料薄膜覆盖5天，然后撤膜通风，约经半个月后药味全部挥发，才能播种定植，这样既比较安全又不影响播种定植；也可用50%多菌灵，或50%甲基硫菌灵，或70%敌磺钠1000倍液浇定植水或喷洒土壤进行消毒；对霜霉病、疫病严重的大棚，可以用0.5千克硫酸铜对水100～150升浇灌土壤。

定植前未来得及进行土壤消毒的，还可以在定植时每667平方米沟施50%甲基硫菌灵可湿性粉剂1.2千克，施药时先将药剂与细土按1∶100掺和均匀，然后撒在定植沟内。

（三）扣 棚

1. 棚膜的选择 目前我国保护地栽培的透明覆盖材料主要是塑料薄膜。

（1）聚乙烯薄膜（PE） 该种膜透光性好，无色无味，无增塑剂污染，吸尘轻，透光率下降缓慢，耐低温性能强（低温脆化温度为－70℃），比重小，透光率高达90%以上，红外线透过率87%以上，白天升温快，但夜间保温性差，雾滴重，耐热性差，延伸率大，强度小，不耐老化，一般只能连续使用4～6个月。适用于早春提前或秋季延迟栽培，连续覆盖栽培期超过6个月的大棚不宜使用。

（2）聚氯乙烯薄膜（PVC） 该种膜透光性好，但使用时间稍长，增塑剂析出，透光率降低，红外线透过率小。夜间保温性能较好，耐高温（高温软化温度为100℃），日晒弹性好，延伸率小，耐老化（一般可使用1年以上），雾滴轻，但耐低温性差（低温脆化温度为－50℃，硬化温度为－30℃）。因此，白天升温快，蔬菜也不易徒长。该种薄膜适用于连续覆盖时间稍长的大棚。

(3)长寿膜　这种薄膜是在生产 PE 或 PVC 塑料薄膜的原料里加入防老化助剂后制成的,耐日晒,耐高温,抗老化,使用年限长达 1.5～2 年,保温性能也略有提高。这种薄膜可作长期覆盖栽培的大棚使用,是我国北方寒冷地区栽培较理想的大棚用膜。由于使用时间长,栽培成本显著降低,但在使用中应经常清扫棚面灰尘,以保持较好的透光性。

(4)PVC 无滴膜　该种薄膜是在 PVC 的原料中加入表面活性剂(防雾剂)制成的。薄膜的表面张力与水相同,在大棚中薄膜上凝结的水与薄膜呈浸润关系,水滴迅速滑动,聚成大水滴后,流向低处,这样就降低了棚内空气湿度,增加了透光率。重要的是减少了因水滴落在叶片上而导致发病的机会。适于越冬和早春大棚蔬菜栽培,是目前我国北方地区应用最多的一种薄膜。

(5)PE 长寿无滴膜　该种薄膜是在 PE 长寿膜的配方中加入表面活性剂制成的,具有耐老化且无滴的优点,其特点和适用范围与 PVC 无滴膜基本相同。

(6)PE 多功能复合膜　这种膜是在 PE 膜的原料中加入多种有特异功能的助剂,使薄膜具有多种功能,主要是长寿、保温、全光、无滴等,可连续使用达 1 年以上,夜间保温性能比 PE 膜高 1℃～2℃,阳光变发散射光全光性能 50%以上。因此棚内蔬菜叶片受光均匀,避免了遮荫损失,是目前较理想的一种大棚用膜。

(7)漫反射膜　这种膜是在 PE 膜的原料中掺入对太阳光透射率高、反射率低、化学性质稳定的漫反射晶核,使薄膜具有抑制垂直入射阳光的透过作用,降低中午前后棚内温度的高峰值,减少高温危害。同时,随着太阳高度的下降,使阳光的透射率增加,在早晨和傍晚让太阳能尽量多地进入棚内,以提高大棚内的光照强度和温度,促进光合作用,实现优质高产。漫反射膜的夜间保温性能较好,增温性能也很好,是具有较高推广应用价值的一种大棚用塑料薄膜。

(8)EVA 多功能复合膜　EVA 是由乙烯与醋酸乙烯酯聚合而成的高分子材料，是介于 PVC 和 PE 之间的一种理想的棚膜覆盖材料，具有橡皮弹性，可用于各种棚室蔬菜栽培，是目前最理想的大棚薄膜覆盖材料。

2. 扣膜的方法　保护地栽培都是在日照时间短、气温低、光照弱的季节进行，定植前提早覆膜，有利于蓄热升温，安全生产。日光温室薄膜要在霜冻出现以前覆盖，尤其是日照百分率低的地区，更应提早覆盖。覆盖薄膜应选晴暖天气中午进行，以便于把薄膜绷紧压平。

日光温室覆盖薄膜采用两块一条缝法，在粘好的薄膜上边穿线孔里穿好一根 14# 的铁丝，抬到温室一侧。用 2～3 根细竹竿夹住一边，绕几道后，用铁丝固定到侧墙外的 8# 铁丝上，然后顺屋面展开薄膜，待膜拉到另一侧时，用力把已展开的膜拉平、拉直，并纠正偏斜。薄膜全部拉平后，用 2～3 根竹竿夹住薄膜，由 5～6 个人抓住竹竿一起用力拉膜。拉长的薄膜要及时卷到竹竿上然后再向后拉。待薄膜拉平、拉紧、拉正后，用铁丝把竹竿固定到墙外的 8# 铁丝上。薄膜上边压到后屋面的风口处，将穿线孔的铁丝固定到 8# 铁丝上，薄膜下边埋入压膜沟内。薄膜拉紧后，用手敲膜时应发出清脆的鼓声。风口盖片的拉法同前屋面，盖片前沿压到前屋面薄膜上，向前重叠 20 厘米，后沿用泥抹压在后屋面上，防止漏风。两侧墙上的薄膜用草泥压住，草泥厚 5 厘米以上，避免墙顶磨破薄膜。拉膜时要注意手不能直接紧抓薄膜，尤其是不能用手指、手关节顶住薄膜，以免顶破，要戴手套操作。正确的手法是手指呈捏物状，用手指捏住竹竿，拉膜时要缓慢用力，采取一拉一放的方法，调节薄膜的受力，用力过猛或一味地用力向后拉，容易拉破薄膜。温室较长时，损坏更明显。

二、整　地

(一)土壤耕翻适期和深度

将土壤翻2遍,深度为30厘米。根据土壤肥力的高低,每667平方米施入优质腐熟农家肥5 000～6 000千克、磷酸二铵30～50千克、硫酸钾20千克。肥料分层施用,将农家肥撒施深翻于地面下20～30厘米的土层中。化肥在第二次翻地时施入10～20厘米的土层中。生产上主要采用水旱趟地膜覆盖栽培、膜下暗沟灌水的方式。

(二)排灌沟布局和规格

温室排灌沟的方向一般与温室走向垂直,排灌沟在日光温室前坡脚串通,利于浇水和排水。排灌沟上口宽为50厘米、沟深20厘米,两条排灌沟中心间距1.4米。

(三)施 基 肥

日光温室密闭性好,处于封闭状态的时间长,主栽作物的生长供应期长,产量高,全年综合利用率高,需肥多,施肥量大,而且要求深施和不断地、有效地给予补充。这就要求基肥和追肥的比例适当,追肥的时期、种类和数量合理。甜瓜根系分布广、扎根深,要求土层深厚、疏松且深层肥料充足,这就要求深施基肥,以肥效保持时间长、营养成分全面、能改良土壤物理状况、培肥地力和提高冬季地温的富含有机质的有机肥为主。

(四)做　畦

做畦时首先从温室的一端按小行距50厘米,大行距90厘米在南北方向划平行线，于小行中央开沟，沟深20厘米，用铁锨整好水沟，浇水坐塘，2～3天后刮去水沟沿的浮土，覆膜。

日光温室甜瓜一般实行高垄双行加地膜覆盖栽培。这种栽培可有效地提高地温和有利于根系的发育。高垄双行的做法是：南北方向起垄，垄宽70厘米、高10～12厘米，做成两侧高、中间低的双峰高垄，将甜瓜植株栽到两个小高垄上，用地膜将整个垄面(包括中间的小沟)全盖住，浇水时于畦的一头揭开，顺沟在膜下浇水。

三、定　植

(一)定植时期

定植选在寒流刚过的晴天上午进行，北方秋冬茬甜瓜苗龄28～32天，8月上中旬育苗，9月上中旬移栽定植，育苗时间一般不迟于8月20日，定植时间不得迟于9月20日。早春茬甜瓜12月下旬至翌年1月上旬育苗，2月上旬定植。

定植时棚内10厘米地温应稳定在15℃以上，棚内最低气温不低于13℃，如果温度达不到要求，应适当增加覆盖物或推迟定植。推迟定植时苗床应控制较低的温度，防止苗龄过大。在垄上按株距挖穴、点水，将带土坨的秧苗放入穴内，务必使水湿透土坨。如果天气好，棚内温度较高，可于垄沟内放水，或一边给小垄沟内放水，一边往定植穴内点水，水渗后覆土。

(二)定植密度

定植密度因种植方式不同而异，保护地多采用密植搭架栽培。若采用单蔓整枝，早熟甜瓜品种定植时采用大小行栽培，小行距50～60厘米，大行距80～90厘米，株距40～50厘米，每667平方米定植1 800～2 000株。若采用双蔓整枝，株距55～60厘米，每667平方米定植1 500～1 800株。

(三)定植方法

选择无风的晴天,先按株距在地膜上用打孔器打孔,打孔器的直径略大于营养钵。每穴放 1 棵苗,用手轻轻挤压,使围土紧实,但不挤破营养钵或营养土块。然后每穴点浇水 500～700 毫升,浸透营养钵和周围的土壤,促进两者结合。待水下渗后,再用周围的细土封穴,但不得盖住子叶。

定植缓苗期间,一般不必通风,保持较高的棚温,以利于缓苗。

(四)护根措施

甜瓜幼苗不耐移栽,在起苗、移栽的整个过程中,要轻拿、轻放,不损伤茎叶和根系。移栽前要浇足"送嫁"水,保持营养钵湿润不散。栽植时严禁浇水后挤压营养钵,以免造成土坨板结,影响根系管理生长。移栽以后要及时防治地下害虫。嫁接苗(大苗)移栽必须采用护根措施,将瓜苗栽植在装有营养土的容器内,移植前浇透水,然后将育苗钵轻轻托出,使幼苗有完整的根系,栽入土中保证缓苗快。

常用的育苗容器有塑料钵、纸钵、穴盘等。塑料钵的规格为:上口径 8～10 厘米,高 10 厘米。1 次投资可用 2～3 年。纸钵以旧报纸为材料,用 500 克易拉罐作模子,自行制作口径约 8 厘米、高约 10 厘米的有底纸钵,排放在苗床上时装土要实、排列要紧。排列愈紧,报纸愈不易破,护根效果愈好。也可用穴盘育苗,效果也很好。

四、保护地甜瓜田间管理技术

(一)环境调控

1. 光照 日光温室的光照状况,与季节、时间、天气情况以及棚的方位、建材、棚膜、管理技术等密切相关。

光照的调节：第一，选择合理的棚型，提高透光率，采用无立柱的改良琴弦微拱式大棚，减少遮荫。第二，选用无滴效果好的薄膜，上膜要紧平，每日清扫，保持薄膜洁净，延缓塑料薄膜透光率降低的速度。第三，按温度指标及时揭盖保温覆盖物，争取多见光、早见光，秋季和春夏季加大通风面积，既可调节温湿度，又可让阳光直接射入棚内，改善棚内光照条件。第四，张挂反光幕，改善大棚北部光照条件。目前在日光温室中进行人工补光还有很大困难。试验和实践证明，张挂反光幕是积极有效的措施。反光幕与作物的距离越近增光效果越好。所以，反光幕应该挂在紧靠栽培畦处，距作物 0.5 米以内，高度与作物相宜或略高于作物，否则达不到应有的作用。第五，加强植株调整管理，改善光照条件，提高光合效能。日光温室栽培甜瓜，既要保证作物有足够的营养面积，又要减少株间遮荫，使其尽量多采光。日光温室进行吊蔓栽培，采用尼龙线等作吊绳，既不遮荫。方便操作，又可移动位置，改善小行间的光照和通风条件。当两行间叶片相互交错、遮荫时，要将拴吊绳的铁丝向大行间移动，以至不相遮荫，喷药或者其他作业时并拢，完毕后再移至匀行位置。随着植株的生长，要及时打杈，摘除老黄、病叶，减少养分消耗，防止底部郁闭，使田间叶幕保持较适宜的叶面积指数。

2. 温度 日光温室的温度特点是受外界光照制约性大，受外界最低温度制约性小，但有一定影响。对日光温室温度的调控应掌握以下环节：第一，深冬以前，以控温为主，10 月份外界光照条件较好，甜瓜定植缓苗后，要保持适宜夜温之下限，提高植株的抗逆能力，为适应深冬低温环境打基础。第二，深冬以保温为主，夜间要覆盖双层草苫加塑料薄膜（上层塑料薄膜可用旧棚膜）盖匀盖严，并严格按温度指标适时揭盖。晴天，白天要根据光照强度，通过通风保持适宜温度，午后及时关闭通风口，保持适宜夜间温度。

阴天，白天温度虽然较低，只要拉起帘子不降温，就应拉起帘子，下午适当早盖保温。雪天，下午扫雪后要及时覆盖帘子，翌日扫雪后拉起帘子。第三，春、夏季以控温为主，并尽量延长适温期，在大棚内放置温度计。揭草帘等保温覆盖物的时间，要以揭开后棚内温度不下降为准。若揭开后温度急剧下降，则说明帘子揭早了；若揭开后棚内温度急剧上升，说明揭晚了。盖草帘的时间以翌日揭草帘时温度能保持在要求的温度为宜。若高于要求的温度，则说明头一天盖早了；若低于要求温度则说明盖晚了，应于当天下午提早盖。这样既可以使棚内充分见光，又不至于使温度不适宜，做到科学管理。

(1)**加温措施**　温室加温的途径主要有以下 3 条：增加白天的透光量、生火加温、电加温。

①增加白天的透光量：温室的热量主要来自太阳光，增加温室透光量可以从以下 2 个方面着手。

第一，覆盖无滴薄膜。普通有滴薄膜在薄膜表面容易附着一层水滴，水滴不仅能阻止太阳光进入温室内，而且还能大量吸收光辐射中的红外光，因此增温效果较差，温度偏低。无滴薄膜是在原料中添加表面活性剂，使水蒸气无法在薄膜表面聚成水滴，而以薄层水流形式沿膜面流入地下，所以透光率较高，增温效果也较好。据测定，新无滴薄膜的透光率一般为 90%左右，而普通有滴薄膜的透光率仅为 60%左右，用无滴薄膜覆盖的温室其最高温度可比覆盖普通有滴膜的温室高 4℃～5℃，地面最低温度可提高 2℃左右。

第二，覆盖新薄膜、表面要清洁。据测定，新的无滴聚乙烯薄膜的透光率一般为 90%左右，使用 1 年后透光率下降到 57%左右。新薄膜透光率降低的主要原因是薄膜老化、膜面积尘等。所以，对薄膜表面的落尘要及时清除掉。冬季清除落尘可用拖把干擦膜面。水洗法易在膜面结冰，而且薄膜有孔洞时，水也容易漏入室内，故不宜采用。

②生火加温：主要用于连阴天或降温幅度过大、温度偏低时。加温多为临时性的，主要方式有火炉加温、火盆加温、明火加温等。

第一，火炉加温。有土火炉加温和铁炉加温两种形式，加温燃料或用煤炭或用柴草，加温快，无污染，效果较好。用火炉加温时要注意用火安全，并要加强烟道和炉膛管理，严防漏烟，尤其是要注意别让煤烟漏进温室内，以免发生二氧化硫气体中毒。

第二，火盆加温。用火盆盛充分烧透的木炭、玉米芯、焦炭等，把火盆均匀放入温室内，使温室升温。火盆加温法加温均匀，升温较快。一般长 40 米的温室点燃 3～4 盆后，提高温度 2℃～3℃。但该法因加温前需先烧制火炭，而且每个火盆的加温时间有限，一晚上需多次烧制火炭，较费工，所以该加温法多用于小型温室加温以及冬季不甚寒冷的地区加温。用火盆加温要注意火炭必须烧透后才能带进温室。火炭烧不透就带进温室里，会因放烟过多而发生烟害。

第三，明火加温。在温室内直接点燃柴草，而使温室升温。明火加温时要注意以下 4 点：一是要选用容易燃烧、含硫量低的燃料，就目前我国北方大部分地区的柴草种类来看，以新麦秸较佳。二是要点明火，不能熏烟。三是火堆要小，并且要与植株保持一定的距离。由于明火加温时，放热快，易形成局部高温，如果火堆过大，靠近时，容易烤坏周围的植株，所以要根据植株的高矮、空地大小来确定火堆大小。四是点火次数不宜过频。

不管采取哪种生火加温法，都要注意用火安全。此外，还要注意人身安全，以免发生一氧化碳中毒。

③电加温：升温快、升温均匀，还可以实行自动化控制，是最理想的加温方式。但电加温的耗电量大、成本高，在电力不足的广大农村尚难以推广应用。此外，由于温室内空气湿度大，电线上易结露水，电线或加热器绝缘不好时，容易发生漏电，所以用电加温时，

要注意用电安全。

在电加温方法中，目前应用较广泛的是电灯加温法。具体方法是：在温室中部，每隔 3～4 米，吊挂一盏 100～120 瓦的灯泡，要用放热多的普通照明灯泡，灯泡距薄膜和作物生长点各 40～50 厘米，以免烤坏薄膜和蔬菜。温室温度下降时，通电加温。若有条件也可在温室内安装采用增温设备，在 60 米长的温室两头各安装 1 个暖风炉，提高棚温。还可铺设电热线，提高地温。

(2)防冻措施　北方冬季寒冷，昼短夜长，日光温室光照强度弱，热量少，遇到阴雪天气，温度很难保证，如不采取防冻措施就会造成损失。预防冻害应做到以下几点。

①加强防寒措施：要及时收听、收看天气预报，预测寒流来临。应备好覆盖物，加盖保温。夜间要有人专门值班，严加防范。

②科学浇水：冬季浇水要遵守“五浇五不浇”原则。具体要求是：晴天浇水，阴天不浇。晴天的水温和地温都较高，浇水后地温仍能保持在较高水平。但需注意的是，久阴乍晴日不得浇水，因为此时气温高、地温偏低，浇水后容易因地温过低根系吸水不足，而造成茎叶萎蔫甚至枯死；午前浇水，午后不浇。一般上午日出 2 小时左右、地温明显回升后开始浇水。浇水后要封闭温室，利用中午前后的强光照升温烤地，促地温回升。而午后浇水，浇水后却无法升温烤地，夜间地温较低；浇小水，不大水漫灌。由于浇水量越大，地温下降幅度也就越大，所以冬季要控制浇水量，采取小垄沟浇水或隔沟浇水法浇水，严禁大水漫灌；浇温水，不浇冷水。冬季的水温较低，不能直接浇进地里，要先在温室内预热，待水温与地温接近时，再浇水；浇暗水，不浇明水。浇明水时，由于地面水分子吸热蒸发后，带走部分热量，而使地表温度下降；此外，浇明水后，地面湿度大、蒸发量大，也增加了空气湿度，容易感染病害，所以冬季不能浇明水。

③挖好防寒沟：防寒沟能够减缓温室内四周土壤的横向散热

速度。减少热量散失,提高地温。据观测,设置防寒沟可使温室南部5厘米地温提高4℃左右。

④覆盖物厚度要适宜:一般华北和西北部分地区,草苫厚4厘米为宜;东北和内蒙古等地,草苫要厚,以5厘米为宜。草苫质量要好,要求质地紧密,漏缝要小。草苫覆盖要严实,相邻草苫叠压宽度不少于20厘米。

⑤寒流到来之前草帘上加盖塑料薄膜:塑料薄膜防水、防潮、质地软,可随意覆盖;气密性强,保温性好。一般每增加一层薄膜覆盖,可提高温度2℃~3℃。薄膜可用从温室上换下来的旧膜,以降低费用。

⑥地面喷洒增温剂:可提高地温2℃~4℃。深施、多施热性有机肥。

⑦配置加温补光设施:可在温室配置暖风炉,暖风炉是目前推广的一种温室加温设备,使用方便,成本低,在冬季低温寡照天气条件下,使用效果非常好。如果条件许可,还可在温室中安装高压汞灯、碘钨灯等补光设备。

(3)降温措施　温室的降温措施比较多,可归纳为2类,一类是散热,另一类是降低透光量。

①散热:是通过开启通风口,散放出热空气,让外部的冷空气进入温室内,使温度下降。

要根据温室温度的变化情况及时调节通风口的大小,避免温度变化幅度过大。一般上午当温室内温度升到25℃(春、秋季)或28℃(冬季)时,开始开启通风口,通风大小以开启后温度不下降而缓慢上升为标准。随着光照的增强,温度进一步上升时,通风口也要相应加大,中午前后的最高温度以不超过32℃为宜。下午当温度降到25℃时,开始关闭通风口,通风口关闭的幅度以温室的温度不超过32℃为宜,温度降到20℃时把通风口关严实。

②遮光:遮光的降温作用最明显,主要应用于高温、强光照时

期和缓苗期。遮光有草帘遮光、薄膜遮光和网纱遮光等几种方式。草苫遮光属临时性遮光，主要用于短期降温，降温快，降温效果最好。薄膜遮光是利用原温室上的旧薄膜遮光，主要用于夏季遮光降温。由于薄膜易吸尘和老化，透光率下降较快，一般使用1年后透光率下降30%～40%，因此夏季可以用原薄膜进行遮光降温。具体做法是：入夏后，把薄膜的上、下两边各卷起50～100厘米，用竹竿缠紧固定住，剩余部分不动，留作“天篷”。如果薄膜较新，透光较多，或温室的散热效果差，温度较高时，可在薄膜表面喷白灰水或喷洒泥水，来减少透光量，使温度降低。

日光温室、大棚夏季生产时光照过强，温度较高时，在棚膜上搭盖遮阳网或其他遮阳物以降低温度，但遮阳网不可长时间用，只在光照非常强的时候短时间使用，以免造成植株徒长。使用时一般在10时后至15时前，时间不可过长。日光温室、大棚在秋冬生产时，温度高时可采用拉风口调气温，温度过高可在日光温室前坡脚设置风口，以利于通风降温。

在干热季节可在棚膜口喷淋清水，以降温。

3. 湿度 日光温室湿度的特点，塑料薄膜的气密性强，不透水，如果密闭不通风，土壤蒸发和植物蒸腾的水分难以逸出棚外，造成棚内空气湿度很高。在一般情况下，白天棚内空气相对湿度经常在80%以上，夜间在90%以上，甚至达到100%呈饱和状态，在高湿条件下不利于作物生长，极易诱发病害。大棚内空气相对湿度的变化规律是，棚温升高相对湿度降低，棚温降低，相对湿度升高。夜间温度下降，相对湿度升高，有时达到饱和状态。大棚内空气湿度的调节需要从多方面综合进行。但最基本最有效的还是通风。棚内土壤湿度和空气湿度直接相关。为了减轻土壤水分蒸发，降低空气湿度，最好是采用膜下滴灌技术。在无膜下滴灌技术的条件下，为了减轻土壤水分蒸发对大棚湿度的影响，实行棚内全覆盖地膜是必要的。同时注意选晴天浇水，浇水前喷药防病，浇水当天和以后几天提前盖草苫。适当提高夜间温度，防止结露，翌日和以后几日，加强通风排湿。具体做法是，晴天日出后棚温达到25℃以上时通风，棚内相对湿度可控制在70%左右，随着温度升高，通风量加大，中午前后相对湿度可降到50%左右。保温与通风降湿的矛盾，主要依靠通风时间的早晚、长短以及控制风口的大小来调节，低温季节晚通风，早封闭。高温季节早通风，大通风，晚关闭。晴天，无风天，早通风，多通风。阴天，晚通风，或利用中午外界气温稍高时适当通风。在大棚直播或移栽前，将大棚内包括走道在内的所有地面，全部用地膜覆盖起来，借以减少棚内地面的水分蒸发，降低棚内空气湿度，进而起到防病，提高棚内气温和地温，达到壮秧增产的目的。

(二)肥水管理

1. 追　肥

(1)追肥时期　日光温室追肥，要根据作物生长发育的阶段、长势结合浇水进行，原则是前控后促。在基肥充足的情况下，苗期一般不再追肥，开花坐果后追肥，促进果实膨大。另外，还可以用磷酸二氢钾、尿素等进行根外追肥。根外追肥见效快，费用低，在日光温室栽培中效果尤其显著。因此，应列为重要的技术措施之一。除定期或结合防治病虫害喷尿素、磷酸二氢钾和三元复合肥，浓度一般配为0.2%～0.3%。在冬前和冬季要喷2～3次光合微肥，补充微量元素，提高作物光合效能。在冬季光照时间短、光照弱的环境下，增喷0.5%白糖或红糖，可弥补作物光合产物之不足。

(2)追肥方法和追肥量　甜瓜从定植后至开花前这一阶段，养分吸收量较少，可结合浇伸蔓水追肥，将化肥溶于水中，每667平方米施磷酸二铵10千克、尿素3千克和硫酸钾3千克。如基肥充足，植株长势旺盛，可不追伸蔓肥。甜瓜进入膨瓜期后，需肥大增，可结合浇膨瓜水，分2次每667平方米随水冲施磷酸二铵30千克、硫酸钾15千克、尿素10千克。但不要在果实膨大后期施用速效氮肥，以免降低含糖量，延迟成熟期，引起裂果，影响果实品质。此外，也可结合病虫害防治进行叶面追肥，叶面肥主要有磷酸二氢钾、尿素等，每隔7～10天喷1次，连喷2～3次。

2. 二氧化碳施肥　二氧化碳是作物光合作用的主要原料。每生产100克干物质就需要二氧化碳150克。在冬季大棚中通风少，就会出现二氧化碳不足，从而影响光合作用的正常进行，特别是日光温室中二氧化碳的含量(浓度)变化较大，日出前为最高，原因是夜间大棚密闭，植株本身呼吸作用放出二氧化碳，土壤中微生物分解放出二氧化碳，而没有光合作用消耗，形成二氧化碳积累，一般浓度可达800～900微升/升(空气正常含量为300微升/升)，日出后随着温度增高，光合作用增强，大棚光合作用(8～9时)迅速上升，棚内二氧化碳浓度急剧下降至250微升/升以下，低于大气中二氧化碳含量水平，影响了光合作用的正常进行。直到上午11时左右，温度升至30℃左右，放风后才达到与外界基本平衡。据试验，在25℃的温度下随着二氧化碳浓度升高，光合效率增强，二氧化碳浓度上限可达1 500微升/升以上，增产效果可达30%。在日光温室中施用二氧化碳，不仅可提高产量，而且还可使植株健壮、株高增加20%左右，叶色深绿、叶绿素含量增加，雌花增多，节位降低，同时施用二氧化碳还有防病效果。此外，施放二氧化碳还能提高大棚温度。

(1)施有机肥　增施有机肥料通过有机物分解释放出二氧化碳，1吨纯有机物可释放出1.5吨二氧化碳。施用作物秸秆，5～6天后就能释放二氧化碳，这个办法经济有效。但有机肥的二氧化碳释放量很有限。

(2)施固体二氧化碳　又称干冰。使用时把干冰放在水中，使其慢慢气化。该方法便于控制用量，使用简单。但成本较高，而且冬季使用因二氧化碳气化时吸收热量，而降低棚内温度。

(3)施二氧化碳发生剂　二氧化碳发生剂有多种材料，国外市场上出售的是有机酸和碳酸化合物。使用时先把有机酸溶于水，再把碳酸化合物投入其中，即产生二氧化碳。亦有用盐酸与石灰石反应产生二氧化碳的。该法使用方便，但价格昂贵，不便大面积使用。我国近年来大面积推广稀硫酸加碳酸氢铵施用二氧化碳的方法。它的发生原理是：$H_2SO_4 + 2NH_4HCO_3 \rightarrow (NH_4)_2SO_4 + 2CO_2 + 2H_2O$。

(4)施二氧化碳颗粒气肥　以碳酸钙为基料，与常量元素配合，经特殊工艺处理，加工成颗粒气肥，用时将颗粒气肥均匀埋施于作物行间，深度1～2厘米(或放于膜下)，每667平方米用量40～50千克，一次性投放，释放二氧化碳高效期可持续2个月左右。最高浓度可达1 000微升/升左右。在施用二氧化碳时，棚内温度应适当提高3℃～4℃，以促进光合作用进行，夜间上半夜温度略高，以利于营养运输。下半夜温度适当低些，以减少呼吸作用消耗。

3. 浇水　日光温室栽培甜瓜需肥量大，需水亦多。但因棚体设施密闭性的特点，土壤水分流失少，蒸发量也小。因此，浇水次数和浇水量明显少于露地，这对降低空气相对湿度、减轻植株发病是有利的。然而由于施肥量大，产量高，需要充足的水分，而冬季管理则要求控制水分，也怕浇水多而导致病害发生。因此，要严格按照日光温室的灌溉要求来进行，掌握好以下几点。

(1)造好底墒　增加土壤含水量，可以保证甜瓜定植后长时期的需水，减少浇水次数，还可诱使作物根系深扎。为保证底墒，于定植前5～6天开沟放大水造墒，这样不仅可以保证土壤深层的水分，还可以降低前期棚内湿度，有利于缓苗防病。

(2)适时浇水　日光温室冬季浇水要根据土壤的水分状况，作物的生长发育表现，结合施肥浇水。作物在浇水前喷药保护，浇水后当天或以后几天下午提前盖帘子提高夜间温度，尽量减少膜面结露，还要加强通风排湿。

冬季棚室低温时，要于上午 9～10 时棚温升高后浇水。午间气温高，可以提高浇水后的地温。下午叶片干燥不会出现露珠，可以减少和避免发病。春、夏季棚内外温度升高可于下午浇水，但要加强通风，使叶片在夜间不致结露。

(3)覆盖保水　地膜覆盖与大沟覆草相结合可以减少土壤水分蒸发，提高地温。苗期低温，宜少浇水，可于第一次追肥后浇 1 次水，促茎叶生长。定瓜后结合追肥浇足膨瓜水，瓜基本长成后再浇 1 次水。水分管理的合理指标是：幼苗期和伸蔓期，土壤含水量为田间最大持水量的 70%，瓜膨大期为 70%～80%，瓜成熟期为 55%～65%。

(三)植株调整

1. 整枝　厚皮甜瓜多为子蔓、孙蔓结瓜，在孙蔓第一节就发生雌花或两性花。甜瓜的整枝方式很多，应结合品种特点、栽培方法、土壤肥力、留瓜多少而定。保护地栽培甜瓜的整枝方式有如下 3 种。

(1)主蔓整枝　主蔓 1～10 片叶腋发生的侧枝全部摘除，留 11～13 片叶腋发生的子蔓作为结果蔓，14 片叶以上的子蔓及时摘除。留下的结果子蔓授粉后在雌花前留 1 片叶摘心，同时将主蔓摘心，促进坐果。主蔓摘心在 20～22 片。整枝必须在晴天上午进行。

(2)单子蔓整枝　是在主蔓 4～5 片真叶时摘心，促发子蔓，在茎部选留 1 条健壮的子蔓，将其余的子蔓去掉，利用孙蔓坐瓜。单子蔓整枝时，先将子蔓 1～10 节上着生的侧芽在萌芽时就全部抹去，选留 11～13 节位上的孙蔓坐瓜，子蔓 14 节以上孙蔓全部摘除，子蔓长到 22～24 叶时打顶。

(3)双子蔓整枝　植株长到 5～6 片叶时子蔓留 4 片叶摘心，选留 2 条健壮子蔓在长到 6～7 叶时将吊起。选10～12节孙蔓结果，结果孙蔓瓜前 1 叶打顶。12 节以上孙蔓全部摘除，在子蔓长到20～22节时打顶。抹去其余孙蔓。为确保坐果，可连续授粉2～3个节位，待坐瓜后子蔓摘心。留瓜的孙蔓，瓜前留1～2片叶摘心，不使孙蔓继续延长。主蔓摘心后，若基部发生侧蔓，也应摘除。后期基部老叶变黄或有病斑时可将其摘除，以利于通风透光。

2. 绑蔓 大棚甜瓜都采取立架栽培，这不仅能充分利用空间，改善叶片受光条件，还可提高种植密度，增加产量。立架和吊蔓的材料可用细竹竿或塑料绳子。塑料绳成本低，购置携带方便。当瓜蔓长到7～8片真叶时，在吊蔓铁丝下，紧靠植株上下拉吊绳，便于绑蔓和蔓攀缘。瓜蔓生长速度快，每隔3～4叶采用"S"形将主蔓绕在绳子上。挂吊绳的铁丝要能移动，通过吊蔓要使植株高矮一致。并由南向北逐渐提高。随着植株的增高和叶片的增多，把挂吊绳的铁丝向两侧移动，使植株均匀分布，减少行间叶片遮荫，提高行间叶片光照强度，并改善透光条件。喷药或进行其他操作时，将吊绳子铁丝向小行收拢，以利于在大行间进行操作，可避免损伤叶片和叶柄等。操作完毕，恢复归位。

3. 吊瓜 为减轻茎蔓负荷，促进养分供应，当幼瓜长至200克左右时开始吊瓜。用细绳或薄膜条拴扣吊住靠近果实"T"形果柄部位，将瓜吊到吊蔓铁丝上或温室骨架上，吊瓜的高度略高于结瓜蔓，应尽量一致，便于管理。

吊瓜的作用：一是防止果实长大后坠落；二是防止果实接触地面而感病；三是使植株叶片和果实在棚内空间分布合理；四是使果面颜色均匀一致，提高果实外观质量；五是促进营养向果实和种子移动。

(四)人工授粉与留瓜

1. 授粉方法 甜瓜属雌雄同株异花作物，需要有蜜蜂等传粉到雌花上，雌花才能够坐瓜。在冬暖大棚越冬茬栽培中，不仅没有昆虫传粉，而且由于光照和温度等原因，雄花有时也很少，甚至没有雄花。因此，进行人工授粉和激素处理，就成为有无产量、产量高低的关键技术环节，必须严格、认真地实施。方法是在上午 9～10 时将当天新开的雄花摘下，确认已开始散粉，即可将雄花花冠摘除，露出雄蕊，往雌花开花的柱头上轻轻涂抹，若雄花不够，1 朵雄花可涂3～4 朵雌花。若无雄花或雄花很少时，要于上午 9 时前后用 30～40 毫克/千克浓度的防落素进行涂花。用激素涂花要将整个雌花和果柄均匀涂抹，保持果实均匀地生长发育，但要防止沾在叶片和顶梢上。为防遗漏，可在激素中加颜料或采用其他方式做标记。

2. 授粉注意事项

(1)及时授粉　甜瓜的有效授粉时间是开花后的 5～6 小时，授粉时间比较短，因此雌花开放后要及时授粉，千万不要错过机会。

(2)授粉量要足　厚皮甜瓜的果型比较大，授粉量不足，容易形成畸形瓜，同时瓜生长速度也缓慢，品质不良。

(3)均匀授粉　要求花粉在雌花的柱头上均匀分布，否则容易形成扁头瓜。

(4)操作要轻　甜瓜雌花的柱头很嫩，授粉操作不当容易受到伤害，影响坐瓜。所以，授粉操作一定要轻，避免伤害柱头。

(5)防止花器沾水　如果授粉期间棚室内的空气湿度比较大，薄膜上的水滴比较多时，应在开花前以及开花授粉后用防水纸袋将雌、雄花套好，防止水滴溅到花粉或柱头上。

3. 留瓜　当幼瓜长到鸡蛋大小时，应当选瓜留瓜。大果型品种，单蔓整枝时一般只留 1 个瓜。选果形发育周正，果实较大的瓜留下，其余的全部摘除。果实较小的品种，如伊丽莎白、玉金香等可采用双蔓整枝，每个蔓上留 1～2 个瓜。所留的瓜最好在相同节位上，将来长的大小相近，不会出现一大一小的现象。

(五)适时采收

适时采收保证商品瓜质量。甜瓜采收期比较严格，成熟度不够不仅含糖低甚至有苦味。过熟的瓜果肉组织软绵，瓜瓤水解发酵，糖分下降，食用价值降低，商品性变差。不同的品种有不同的采收标准。

1. 成熟的标准

(1)果实及形态变化　甜瓜成熟后，果面发亮，果皮鲜艳，呈现该品种固有的色泽、花纹、条纹和网纹。如状元品种，果实成熟后果面呈现金黄色。伊丽莎白、黄旦子等果皮为黄色，色泽鲜艳，较易鉴别。白兰瓜类型则由白色带灰转为有光泽乳白色，用手指轻轻按脐部可以感觉果皮有弹性。

(2)日期判断　甜瓜从开花到果实成熟有一定的积温要求，达到所需日数就会成熟，所以授粉时可挂标签记录具体开花授粉日期。一般薄皮甜瓜早熟品种授粉后22～25天成熟，中晚熟品种则需30～40天；厚皮甜瓜早熟品种从授粉到成熟需35～45天，晚熟品种需45～55天。甜瓜不同品种的果实成熟天数可参照品种说明书。具体应用时，还要考虑果实成熟期的温度状况。阳光充足、温度高时可提前2～3天成熟，阴雨低温则成熟延迟。

(3)落蒂性判断　很多甜瓜品种达到成熟阶段，果蒂和果柄间往往产生离层，达到瓜熟蒂落。产生离层的品种，采摘时容易脱落。不易产生离层的品种，果柄附近瓜面茸毛脱落，果顶近脐部开始发软。

(4)皮色香味变化　根据甜瓜不同品种特征观测果实的颜色、纹路、香味等。成熟的甜瓜呈现出本品种特有的颜色，表皮光滑发亮，散发出浓郁的香味。用手指弹时声音浑浊，生瓜则声音清脆。成熟瓜瓜皮比较硬，指甲不易陷入；生瓜皮嫩则易划出痕迹。成熟瓜的脐部比较软，用手捏有弹性。

2. 采收时间和方法　甜瓜采收时要根据不同的销售方式来确定采收期。就地销售时，应在完全成熟时收获；远途贩运，可在果实八九成熟时采收。只有适时采收，才能保证商品瓜的品质。采收过早，果实含糖量低，香味淡，有时甚至有苦味；采收过晚，果肉组织分解，口感绵软，硬度下降，含糖量减少，品质差，不利于存放。

甜瓜的采收一般在果实温度较低的早晨和傍晚进行。但早晨采收的瓜含水量高，不耐运输。故远运的瓜宜于午后 1～3 时采摘。采收时要用剪刀，防止扭伤瓜蔓和果柄。采摘时左手托住果实，右手将果柄前后 1 节叶片剪掉，果柄带一段侧蔓形成"T"字形。采收后将甜瓜置于阴凉处，避免重叠，待果温与呼吸作用下降后，用软布将果面擦拭干净，在果面上统一贴上商标，套上泡沫网套，装入带通气孔的纸箱内。

(六)田园清洁

前茬作物收获后和种植前，都要及时清除田园，将植株残体、烂叶、杂草以及各种废弃物清理干净。在甜瓜生长期间，也要及时清理田园，将病株、病叶和病果及时清出田园，予以销毁或深埋，可更好地减轻病虫害的传播和蔓延。

思考题

1. 甜瓜保护地栽培设施有几种类型和特点？
2. 设施消毒所使用的药剂有哪些？
3. 甜瓜定植时应采取哪些护根措施？
4. 试述甜瓜保护地栽培环境调控措施。
5. 甜瓜保护地栽培应在哪几个时期追肥？简述追肥种类和追肥量。
6. 为什么要进行二氧化碳施肥？具体施肥方法有哪些？
7. 甜瓜人工授粉的方法及其注意的事项有哪些？
8. 举例说明判断甜瓜成熟的方法有哪些？

第五章　露地甜瓜栽培技术

一、水浇地甜瓜栽培技术

(一)瓜地选择

1. 茬口　甜瓜忌连作，通常旱作砂田需 5 年以上轮作倒茬期，水浇地至少也需 2～3 年轮作期。虽然连作甜瓜枯萎病发生率不像连作西瓜那么高，但仍显著影响生长与结果，导致产量下降，品质变劣。苗期易发生猝倒病，以致缺苗断垄；叶病发生也早。为了降低生产风险，有条件时还应尽量避免与西瓜、南瓜、黄瓜等其他同科作物连作。甜瓜轮作的适宜前茬作物为夏作物，以豆茬、麦茬最好。

2. 土质　甜瓜根系比较发达，耐旱性较强，但对土壤通气状况要求较高，不耐涝，怕积水。所以，种植甜瓜应选择排水良好、土层深厚的砂质或轻质壤土，确保旱能灌溉，涝可排水，干燥避风，土壤固、液、气相各占 1/3 最佳。甜瓜生长的适宜土壤 pH 值为 6.0～6.8。但甜瓜能忍耐一定的盐碱，在土壤含盐量 1.14％以下或 pH 值 7～8 的轻盐碱地上能正常生长。土壤中一定的含盐量(总盐量 0.615％以下)可促进甜瓜生长发育，提早成熟，增加果实的糖分和甜度。

(二)土壤耕作

瓜地选定后，应在上年秋天进行深翻，深翻 30 厘米，经过高温晒土，平整土地，春天土壤解冻后，按顺风爬蔓的原则，规定行向做畦。

1. 沟畦　西北地区甜瓜栽培区，因气候干旱大多采用沟畦。一般甜瓜畦行应东西延长，瓜蔓南北爬畦面，按畦面 1.5 米，水沟 0.5 米划线，在水沟中线两侧约 0.4 米处各浅开一犁（深 0.1～0.15 米），将拟作基肥的化学肥料混匀撒入犁沟内。作基肥条施的化学肥料量应占全生育期化肥用量的 2/3，一般为每公顷施用过磷酸钙 750 千克、尿素 300 千克，或磷酸二铵 225～300 千克、尿素 150～225 千克。在两个肥沟中间深开一犁（约 0.3 米），用耙清出沟内浮土，刨平沟坡，整平塘面，浇水造墒，覆盖地膜。杂草较多的地块应于覆膜前喷洒化学除草剂，每 667 平方米用仲丁灵 80～100毫升，对水 30～45 升喷洒在水沟内及沟面播种带上。覆盖用膜一般为幅宽 1.4～1.5 米，厚度 0.008 毫米的透明农用聚乙烯膜。

2. 高畦　结合整地浇水润土，保持土壤有一定湿度，在宽 60～70厘米、高 15～20 厘米的高畦上开一条宽 15～20 厘米、深 20 厘米的定植沟。略拍实沟壁，清除余土，浇水后沿畦长方向盖地膜，四周封严，播种带在定植沟垄上。

3. 平畦　平畦播种或定植后，沿畦方向覆盖地膜。为使地膜不压在秧苗上，在畦中间或畦侧面用竹竿起拱，高度为 30 厘米左右，以支撑地膜，四周用土封严。缓苗后注意通风，终霜后去掉支撑物，落膜于地面，呈地面覆盖。

（三）施基肥

1. 施肥种类与数量　甜瓜地在上年秋进行秋翻时，每 667 平方米施腐熟优质农家肥 5 000～6 000 千克，春季结合整地每 667 平方米施磷酸二铵 20 千克、过磷酸钙 50～60 千克、尿素 15 千克，充分与土混合均匀。施入基肥的数量因地块的土质、基础肥力水平、肥料种类及质量不同而有差异，应适量增减。上述肥料可集中沟施，也可进行撒施或分层施。

2. 甜瓜对营养元素的需要量 据资料介绍,每生产 1 000 千克甜瓜需氮 2.5～3.5 千克、磷 1.3～1.7 千克、钾 4.4～6.8 千克,结果期吸收量最大。

(四)地膜覆盖

1. 地膜覆盖对甜瓜生育的影响 地膜覆盖后,太阳光透过薄膜射到地面,使光能转化为热能,地膜内由于土壤水分蒸发后遇冷凝结为水珠,阻隔了地面热辐射能的向外扩散,而使地温升高。由于耕层有效温度增加,促进了根系的生长发育。地膜覆盖使地面形成一层不透气的阻隔层,切断了土壤水分与大气层的交换,大大减少了地面蒸发量,迫使土壤水分在地膜下循环,因而土壤水分能较长时间贮存于土壤中。甜瓜地膜覆盖节水率可达 36.7%。地膜覆盖改善了土壤水分状况,土壤不易板结,改善了土壤通气状况。地膜覆盖后从多方面改善了根系发育的环境条件,使根系在优良的生态条件下生长发育,促进了根群对养分和水分的吸收,促使根系发育快,生理功能提高,增加植株冠层光照。地膜光滑反光,膜下水滴也有反射能力,特别在植株封垄后,下部的枝叶可多得到 10%的光照。这些光线大部分是照射到行间地面上的散射光线,有利于地上部植株同化器官的发展,提高了植株光合生产率,提高产量和提早成熟。

2. 地膜覆盖方法 沟畦地膜覆盖一定要紧贴畦垄表面和水沟两坡,水沟内膜面上每隔 1～2 米压土一处,务使地膜绷紧压实,畦面上地膜两侧需埋压紧实。以后在浇水前,于沟底压土处纵向切破沟底地膜,以作渗水口,保证地膜无外露透风口,灌溉水能及时渗入土壤而又不将水沟内地膜漂起。铺膜时一定要强调作业质量,使膜面平整,紧贴在沟畦面上。顺风铺膜,既便于操作,又能提高铺膜质量。薄膜边缘要埋在沟畦两侧,每边埋压 10 厘米左右。覆膜后,四周用土培压并踩实,防止被风刮起。做畦覆膜等环节既要有明确分工，又要相互配合，一环扣一环地在1天之内做完。定植后要用湿土将定植孔封严，以免地下热蒸汽伤苗。

(五)播　种

1. 播种日期　露地直播时期取决于土壤温度、品种熟性和预定上市时期。土壤温度高低直接影响出苗率和出苗时间与整齐度。露地干种子直播的最早时期应是3～4月份，上午地温在15℃以上。晚霜危害较多地区，应掌握在出苗后不遭霜害的时期，因为甜瓜极不耐寒，幼苗遇霜即死。我国各地最早安全播种期为：新疆北部与甘肃西部5月上旬，甘肃中部、宁夏西部4月下旬，华东与长江中下游4月上中旬，新疆南部和吐鲁番盆地3月下旬。

2. 播种密度　行距和株距决定着密度。密度太小，单位面积的果数少，产量难提高。密度过大，单株营养面积小，果实小，商品性差，含糖量也低。根据适宜叶面积指数和实践经验，厚皮甜瓜每667平方米的适宜种植密度为：早熟品种1 500～1 600株，中熟品种1 300～1 500株，晚熟品种800～1 000株。在整地做畦时，行距已经确定，播种时再确定株距。甜瓜播种株距一般主要取决于整枝留蔓数，一条龙整枝的株距为0.3～0.4米，双蔓式整枝则加大至0.5～0.6米，三蔓式整枝法0.8米左右。

3. 用种量　甜瓜的用种量主要因品种而异。薄皮甜瓜的种子小，一般每667平方米播种量只需100～150克；而种子较大的厚皮甜瓜却需要200～250克。育苗移栽的用种量少，少的只要50克左右就可以了。播种量也与种植密度有关，密度大用种量多。

4. 播种方式　甜瓜露地播种方式分干种子播种、湿种子播种与催芽播种。

(1)干种子播种　首先应确定播种带或播种线的位置。砂田或裸地在做平地栽培时，先用划行器按预定行距划出播种线；地膜覆盖平地栽培的播种带为距地膜外沿约 10 厘米处，高畦栽培的播种带在距旱塘边沿 8～10 厘米处。其次在播种线或播种带上按预定穴距起砂刨窝或破膜打穴，穴径约 5 厘米，穴深砂田为 1 厘米，地膜覆盖约 2 厘米，裸地栽培约 3 厘米。每穴下种子 3～4 粒，平放，覆细土盖穴，使隆起一小土堆(高 2 厘米左右)。地膜覆盖栽培的，播完种后务将膜上的穴口盖土封严。

(2) 湿种子播种　即用浸过种未催芽的种子进行播种，播种后出苗比干种子快，比催芽播种慢。播种方法与干种子相同。需要说明的是，有两种情况不宜用湿种子播种，即盐碱地和低地温地，否则易烂种。为保证出苗整齐，不管采用何种播种方式，土壤墒情要一致，下种深度要一致，播种时间也要一致。

(3)催芽播种　出苗快而整齐，也节省种子，但技术要求高。播种时芽长要控制在 1 厘米以内，最好为刚露白至 0.5 厘米之间；土壤墒情要好，若墒情不足，要在播种穴浇水；地温稳定在 15℃以上；拿放种子要仔细，防止损伤胚根，每穴下籽 2 粒，摆放时弯头向下；覆土要细，操作要轻。无论用哪种播种方式，种子都应平放在播种穴内。切不可竖插入土中，否则易造成“戴帽”出土，影响子叶展开。

(六)苗期管理

甜瓜种子干播后 7～8 天可出土见苗，催芽播种 3～4 天即可见苗，每天上午 10 时以前和下午 4 时以后查看出苗情况，发现窜入地膜下的幼苗，用小木棒撬起地膜，将苗轻轻放出，避开中午高温烫苗。

(七)肥水管理

1. 甜瓜吸收矿质养分的特点　甜瓜的结果期需肥量最大，氮、钾的吸收高峰在坐瓜后 16～20 天，磷的吸收高峰晚于氮、钾。

甜瓜对有机肥反应良好，土壤中氮、磷、钾的速效成分，苗期分别以15毫克/千克、10毫克/千克、80毫克/千克为宜；结果期以25毫克/千克、20毫克/千克、100毫克/千克为宜。此外，对钙、镁和硼等元素较敏感，应酌情施用。深施肥料效果较好。一般基肥占总施肥量的1/2～2/3，且集中沟施或穴施。

2. 施肥原则

（1）重施有机肥　有机肥以有机质为主，还含有氮、磷、钾、钙、镁、硫及微量元素等各种矿质养分，是一种完全肥料。增施有机肥能改善土壤物理化学和生物学性状，保持和提高土壤肥力。可以促进植株健壮生长，增强抗病能力，降低甜瓜硝酸盐含量，改善果实品质。

（2）营养适量　前期应适当控制。施肥过多，不仅造成浪费，致使环境污染，而且会影响植株的正常生长发育。植株对各种养分的需要量在各个时期是不同的。氮、钾的吸收高峰期在果实膨大期，在幼苗期营养生长较慢，需肥量较少；当肥料供应过量时，茎叶徒长，坐瓜率降低；成熟期若施肥过多，甜瓜的品质下降，所以应通过田间试验确定适宜的施肥量和施肥时间。

（3）磷肥宜早施　磷素化合物的可溶性都非常低，在土壤中移动性差，流动性很小，淋溶损失较少。所以，磷肥应在甜瓜定植前集中沟施，不能在地表撒施。施肥的主要方法是在播种前结合整地适度深施。

（4）增施钾肥，改善品质　增施钾肥能促进茎蔓生长健壮，提高植株吸水、吸肥的能力，促进光合作用的进行，并能加速光合产物向果实和种子运输，还能增加抗病虫、抗旱能力，增加果实糖分积累，提高甜瓜产量和品质。

（5）三要素配合使用　作物正常生长发育要求氮、磷、钾等多种养分元素的协调供应，氮肥只有配合磷、钾等肥料才能充分发挥增产效果。配合使用具体包括肥料的品种和用量、基肥和追肥的比例、追肥的次数和时间以及根据肥料的特征，采用配方施肥方式。

3. 追肥 甜瓜的追肥应以速效肥料为主，有机肥与化肥合理搭配，充分满足各生育期对矿质元素的需要。

(1)提苗肥 在甜瓜幼苗期施用少量的速效肥，可以加速幼苗生长，故称为提苗肥。提苗肥是在基肥不足或基肥的肥效还没有发挥出来时追施，这对加速幼苗生长十分必要。提苗肥用量要少，一般每株施尿素 8～10 克(或硫酸铵 20 克)。追肥时，在距幼苗 15 厘米处开一弧形浅沟，撒入化肥后封土，再用瓜铲整平地面，然后点浇小水(每株浇水2～3 升)，也可在距幼苗 10 厘米处打孔施肥。当幼苗生长不整齐时，可对个别弱苗增施"偏心肥"。

(2)伸蔓肥 甜瓜伸蔓以后，生长速度加快，对养分的需要量增加，此期追肥可促进瓜蔓迅速伸长，故称伸蔓肥。追施伸蔓肥应在植株主蔓摘心后适时进行，每株施用腐熟饼肥 100 克或腐熟的大粪干等优质肥料 500 克左右。如果施用化肥，每株可施尿素 10 克、过磷酸钙 30 克、硫酸钾 15 克。其施用方法是：在两棵瓜苗中间开一条深 10 厘米、宽 10 厘米、长 20 厘米左右的追肥沟，施用肥料时，用瓜铲将肥料与土拌匀，然后盖土封沟踩实。如果施用化肥，追肥沟可以小一些，深 5～6 厘米、宽 7～8 厘米、长 20 厘米左右即可。施后适时浇 1 次水，以促进肥料的吸收。

(3)结果肥 当正常结瓜部位的雌花坐住瓜，幼瓜长到鸡蛋大小后，即进入结果期，此时是甜瓜一生需肥量最大的时期，是追肥的关键时期。此期追肥可以促进果实的迅速膨大，也称之为结果肥。结果肥一般分 2 次追施，第一次在幼瓜鸡蛋大小时，在植株一侧距根部 30～40 厘米处开沟，每 667 平方米施用磷酸二铵 15～20 千克、硫酸钾 5～7.5 千克。也可结合浇水追施人粪尿 500 千克。第二次在瓜长到碗口大小时(坐瓜后 15 天左右)，每 667 平方米追施尿素 5～7 千克、过磷酸钙 3～4 千克、硫酸钾 4～5 千克，或氮磷钾复合肥 10～15 千克，可以随水冲施，或撒施后立即浇水。

（八）整枝留瓜

1. 整枝方式　露地栽培的整枝方式主要有以下几种。

（1）单蔓整枝　也叫“一条龙”整枝，适宜于主、子蔓结果为主的早熟品种，新疆鄯善等地广泛采用。具体做法是：主蔓上 7～8 节以下发生的子蔓分次直接摘除或留 1 叶摘心；7～8 节以上的子蔓留 3 叶摘心，以后将其中无结实花的子蔓随时除去，有结实花的子蔓花前留 1 叶摘心，留果后放任生长（图 5-1A）。全生育期主蔓不摘心或至生育后期摘心。

（2）双蔓整枝　甘肃、新疆地区厚皮甜瓜栽培和各地薄皮甜瓜栽培中均常见，适用于孙蔓结果为主的中晚熟品种。方法为：主蔓 4～5片真叶时摘心，选留生长健壮的 2 条子蔓，待 2 条子蔓 20～30 厘米长时摘除基部 1～2 节的孙蔓，3～5 节结果孙蔓在结实花开花后于花前留 2 叶摘心，5 节以上孙蔓要及时摘除，2 条子蔓在 10～12 节摘心，疏果后放任生长（图 5-1B）。

（3）十二蔓整枝　兰州砂田栽培的特殊整枝方式。主蔓 8～9 叶时留 8 叶摘心，在基部留 4 条子蔓，分别引向 4 个方向延伸。子蔓 5～6 叶时留 3～4 叶摘心，子蔓上的孙蔓分别留 3 叶、2 叶、1 叶摘心，每株留瓜 1 个，使整个植株俯视呈圆形，平视呈“倒锅”形。这种整枝方式促进早熟，但坐果期整枝控制太严，易导致植株早衰。

（4）放任不整枝　我国一些地方的薄皮甜瓜生产中，以及美国、澳大利亚等国家的厚皮甜瓜大面积机械化生产中，也有完全放任生长不进行整枝的，主要通过种植密度调节叶面积指数，通过肥水管理来调节生长和结瓜的关系。

2. 整枝注意事项

（1）整枝强度要适当　无论采用哪种整枝方式，都要使茎叶合理均匀的分布，既要防止茎叶郁闭，又要防止整枝过狠导致长势衰

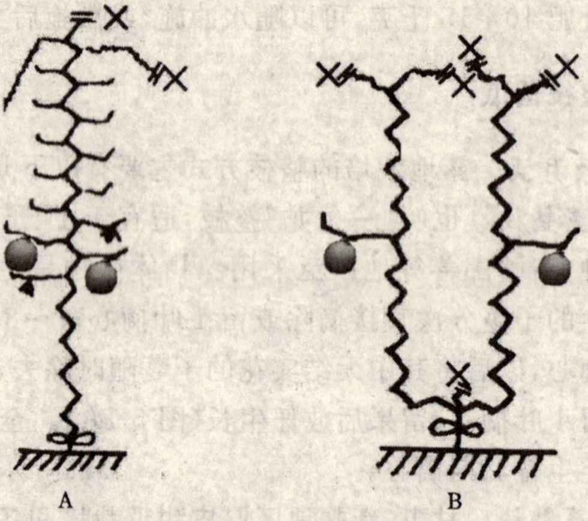

图 5-1 甜瓜整枝方式示意图

A. 单蔓式整枝 B. 双蔓式整枝

弱，以充分利用土地和太阳光。茎蔓旺盛期要及时整枝和理蔓，防止前期茎叶郁闭，消耗浪费养分，推迟结果。同时，也应避免整枝过早过重，影响叶片生长，影响产量。后期整枝要保证果实膨大和成熟期有较多的功能叶片。叶片是制造营养的器官。甜瓜叶片在日龄 30 天左右时制造的营养物质最多，供给植株其他部分的营养物质也最多，所以整枝要保证全生育期有合理的叶面积指数。

(2)要及时分次进行 甜瓜整枝要根据主蔓、子蔓、孙蔓的生长特性和生长时间及时整枝。苗期 5 叶打顶，有利于子蔓生长，使营养物质及时向侧枝转移，促进侧枝生长。当结果枝上的果实坐住后，及时对结果枝摘心，使营养物质运向果实，可以防止化瓜，促进果实膨大。通过分次整枝，可使植株营养体保持适宜大小，不会因茎叶过多或过少而影响果实产量和品质。一般主蔓从 5 叶打顶开始整枝，以后每隔 4～6 天 1 次，坐果前共整枝 3～4 次。留瓜后不再整枝。

(3)整枝一定要与密度联系起来　甜瓜的种植密度不同,整枝方式也不一样。新疆哈密瓜为了早熟采用主蔓“一条龙”的整枝方式,行距大,株距小,密度小。甘肃、内蒙古等地的厚皮甜瓜多采用子蔓或孙蔓结果,行距小,株距大,密度大,生产上多采用双蔓整枝。小果型的可采用单株留多果,增加产量。

3. 留瓜　选瓜、留瓜的关键是确定留瓜节位、留瓜数和留瓜方法。

(1)留瓜节位　留瓜节位的高低,直接影响果实大小、产量高低及成熟迟早等。如果坐瓜节位低,则植株下部叶片少或雌花本身发育不良,果实发育前期养分供给不足,使果实纵向生长受到限制,而发育后期果实膨大较快,因而果实发育小且扁平。在营养体小、茎叶未充分生长前坐瓜,会发生坠秧现象,使生长中心转变,茎叶生长不良,影响产量和品质。如果坐瓜节位过高,则瓜以下叶片较多,上部叶片少,有利于果实的初期纵向生长,而后期的横向生长则因营养不足而膨大不良,出现长形的果实。故在茎蔓的中部留瓜,果实发育最好。生产实践及试验证明,厚皮甜瓜适宜留瓜节位在子蔓3～5节,坐瓜节位以上留5～8片叶。坐瓜节位以上留叶少时,果实早熟,但果实较小。薄皮甜瓜在子蔓中部留瓜。

(2)留瓜数　留瓜个数应根据品种、整枝方式、栽培密度等条件而定。早熟品种可多留果,晚熟品种少留果;单蔓整枝少留果,双蔓整枝多留果;栽培密度大时少留果,密度小时多留果。生产上早熟小果型品种进行双蔓整枝时,一般每株留2～4个果;中晚熟大果型品种一般每株一次留1～2个果。留瓜数与果实产量、品质等关系密切。留瓜数增多时,一般产量可提高,但果实往往变小。每株一次坐果2个以上时,含糖量下降,商品率降低,而且容易发生坠秧现象,造成植株早衰。实践证明,适当密植,单株少留瓜是实现早熟、优质和高产的有效方法。不能片面追求高产而忽视果实的商品质量。

(3)留瓜方法　当幼瓜长到乒乓球大小时即可进行选留瓜。留瓜过早，则难以确定是否能坐住瓜或幼瓜的优劣。留瓜过晚，则会使植株消耗大量养分。选留瓜的原则及顺序如下：第一步，先选择发育周正、颜色鲜亮、果形稍长、果柄粗壮的幼瓜，将畸形果、小果剔除。第二步，在选中的瓜中，如果大小相近则选留晚授粉的，摘除早授粉的。第三步，同时授粉而瓜大小相近时，则选上节位的，淘汰下节位的。如果选留 2 个瓜时，一定要选大小相当、位置相近、授粉时间相同的瓜，以防长成的果实一大一小。田间选留幼瓜可分次进行。留瓜后将未选中的瓜全部摘除。

4. 果实管理

(1)翻瓜　随着果实的发育，体积、重量越来越大，与地面接触日渐紧密，接触面积也增大，近地面部分果实甚至陷入地中，通气不好，温度偏低，也不见光，以致膨大缓慢，色泽发育不好，肉薄，含糖量低，也易遭守瓜、果实蝇等害虫为害，或雨后果实淹水，遭病菌侵染，造成烂瓜。网纹甜瓜网纹发生初期遇雨，裂、烂果尤其严重。为克服此类问题，应在果实膨大期快结束时进行翻瓜，翻瓜时按同一方向旋转，每次旋转角度 90°，共转 2～3 次，使其果面着色均匀。

(2)盖瓜　在日照强的地区，强烈的阳光直接照射在果实上，会使果实温度剧烈升高，受光果面果皮组织脱水坏死，果肉组织失水塌陷，出现日灼现象。较长时间阴雨天后突然放晴，最易发生日灼。为防止日灼发生，在果实成熟期在果实上面覆盖麦草、报纸等遮荫。

二、旱地甜瓜栽培技术

(一)品种选择原则

甜瓜属直根系作物，根系发达，入土深广，吸收力强，能充分利用土壤中的矿物质元素和水分，有一定的抗旱、耐瘠薄的能力。薄皮甜瓜和厚皮甜瓜两大类中，都有适宜旱地栽培的品种，其中兰州薄皮甜瓜金塔寺，厚皮甜瓜白兰瓜、玉金香、麻醉瓜。适宜旱地栽培的品种还有银帝、蜜世界、银峰等。

（二）整地施肥

北方春、夏干旱，旱地种瓜应选地下水位较高或地势稍低的地方，河滩地栽培最为适宜。可以进行灌溉的地块，就要选地势较高、干燥平坦的地块。砂质土壤的透性好，早春地温回升快，昼夜温差大，用以种瓜发苗快，成熟早、品质好，但往往由于肥力不足而容易引起植株早衰，病害多，果实小，产量不高。

准备种甜瓜的地块，在前 1 年大秋作物收获后，进行深耕，要求深度在 30 厘米以上，耕而不耙以积蓄冬季雨雪，使土壤充分熟化，从而有利于翌年瓜根深扎，开春后进行耕翻耙耱，使耕作层细碎无大土块，瓜地经耕翻，施肥整平后，即可按行株距要求播种。水浇地则做畦浇水。北方干旱，风沙大，为了保墒，都做成低畦，覆膜集水。畦面与地面相平，畦沟低地面 20 厘米以上。下雨集雨，干旱缺墒时进行畦沟浸灌。

甜瓜品质要求很高，因此必须注意氮、磷、钾肥的合理搭配，基肥在春天结合耕翻整地施入。旱地栽培基肥比例较大，一般每 667 平方米施有机肥 2 500～3 000 千克，化肥一般每 667 平方米施优质磷肥 50 千克、尿素 20 千克、复合钾肥 10 千克。基肥施用量的多少应根据生产条件、土地肥力而定。地力薄而有条件的应适当多施一些，农家肥结合翻地撒施，化肥集中沟施。北方旱地生产一般只在摘心后（伸蔓期）进行追肥，结瓜后期追施 1～2 次膨瓜肥。

（三）种植方法与整枝方式

甜瓜根系生长很快，木栓化程度较早，幼根表皮容易形成肉皮，移栽需水量较多，缓苗较慢，生产上多采用直播方法。种子要经过精选，去除劣籽。播种可用干籽播种，干籽的适应性强，可以提早播种，当土壤湿度适宜时即出芽。催芽播种，可使出苗快成苗率高，但土壤湿度条件必须适宜，否则影响出苗。

1. 种植方法

(1)播期　直播以地温稳定通过15℃以上及出苗后晚霜刚过为原则。甘肃省多在4月中下旬播种。

(2)播种量　一般每667平方米直播用种量在60～100克，小籽用种量少，大籽用种量多。行株距通常为1.8～2米×0.5米，每带幅双行播种，每667平方米密度1 000～1 300株。

(3)播种方法　覆地直播采用穴播法，每穴播2～3粒种子。北方春旱播种时常因底墒不足需要临时浇穴水或借墒播种，播种穴深2～2.5厘米，播后覆细土。

2. 整枝方式　整枝摘心是甜瓜田间管理中最重要的一项关键性技术措施。通过整枝摘心以调整植株生育，使营养与生殖生长得到合理均衡发展，防止茎叶徒长，调节养分和改善通风透气条件，从而达到促进坐果和增大果实的作用。旱地栽培最常用的是四蔓式整枝方式。整枝方法就是在幼苗4～5叶摘心，留4条子蔓，当子蔓有6～8片真叶时摘心。坐果后选留1～2个茸毛密、果柄粗的果实，其余的及时摘除。

（四）抗旱措施

1. 多施农家肥、少施化肥　旱地施肥必须与蓄水保墒和抗旱节水技术相结合，水肥与作物生长条件相宜，才能取得良好的综合效应。有机肥含有大量的碳水化合物、蛋白质、脂肪、粗纤维、各种酶和激素及腐殖质等有机物质，有机化合物大部分成为土壤微生物新陈代谢能量来源。在土壤微生物分解有机肥料的同时，释放出速效养分、缓效养分、各种酶和激素，形成有机胶体，使土壤结构得到改善，增加土壤阳离子交换量，提高土壤肥力和通气性，使土壤保持较高的抗旱能力。旱地施肥必须与耕作时间和方法相适应。对于实行深松耕的农田，由于表层土壤不发生翻动，因而宜将有机肥在进行深耕翻的年份施入，以充分保持有机肥的肥效。化肥用量不宜过大，施肥位置必须与种子分开，施于种子侧旁或深于种床，否则种子易受肥料毒害。对于春播田，为了抗旱保墒，可免除春耕环节，改春施肥为秋施肥，施肥与秋翻耕相结合。

2. 集雨灌溉 通常是利用水窖在雨季蓄积雨水进行灌溉。由于积有雨水的水窖容积一般较小，所以单位面积可用的总水量也十分有限。从实际情况看，集雨灌溉模式的重点应当放在最适的补浇时间，以最大限度地发挥有限水源的增产作用。甜瓜是需水量较大的作物，生育期间一般需要浇4～5次水，浇水及时与否对产量的影响非常大。甜瓜苗期需水量较小，随着苗龄的加大，叶片数量增多，需水量迅速增加。在正常情况下，甜瓜补水灌溉主要在果实膨大期，但实施集雨补浇还需要考虑实际降水量及土壤水源情况。

3. 使用抗旱保水剂 保水剂又称吸水剂，是人工合成的具有较强吸水能力的高分子材料，能吸收相当于自身重量数百倍甚至千倍以上的水分，它具有吸水快、保水性强等特点，吸水后膨胀成凝胶，释水后又恢复原状，能够反复吸水、释水。根据合成材料的不同，保水剂可分为淀粉类、纤维素类和聚合物类等几种。河北省农科院土肥所曾对天津化工学院和石家庄化工研究所提供的保水剂，进行了吸水能力测定，结果表明，施用1/200的保水剂可以使土壤吸水量增加1倍。保水剂的使用方法如下。

①种子涂层：保水剂与水搅拌配成一定浓度的涂层液，将种子慢慢倒入，搅拌混合均匀，放在水泥地或干土上晒干，种子表面即形成一层薄膜，然后播种。保水剂的用量根据种子的播量而定，一般以种子重量的1%为宜。

②掺入土壤：将表土与0.3%～0.5%的保水剂混合放在耕作层作为苗床土，能提高土壤保水能力。

③蘸根：幼苗在移栽定植时在土壤与0.3%～0.5%保水剂混合液中蘸根，可以供给幼苗生长较多的水分，提高成活率。

(五)旱砂田栽培技术

砂田栽培是一种地面覆盖砂砾层的特殊栽培方式。它为我国所独有，是西北地区劳动人民在长期的甜瓜栽培实践中与干旱作斗争的一个创举。

1. 砂田的铺设 铺砂的时间大多在农闲劳力充足的冬、春季进行。此时正值地面冻结，便于运输铺压。选好铺砂田的地块以后，事先用犁等农具，将土地耕翻1～2次，耕深30～40厘米，使土壤疏松，然后再施入基肥，打碎土块，耱平地面，并用石滚压实，待封冻后开始铺设。

砂砾为鸡蛋大的卵石与颗粒较大的粗砂混合物，比例为4∶6或3∶7。铺砂时，先铺一层细沙石，再铺一层大砂，砂砾层的厚度因土层的厚薄不同而异，一般土层厚的地方可铺4～5厘米厚。

2. 砂田管理与施基肥

(1)*砂田管理* 砂田耕翻次数较多，每年耕翻3～4次，每当前作收获后，要及时清洁田园，拔除杂草，用砂耧耖，增加砂田的疏松度。铺砂后第一年开春可用砂耧浅耖1次砂面，以利砂田保墒，耧耖时切忌翻动土壤，避免砂、土混合，仅将砂面耖松即可。

(2)*施基肥* 砂田施基肥分秋施肥与播前(春)施肥2种，最好在秋天施肥。基肥的施入方法有2种：一种是按行距1.33米宽度从中间对开用砂刮子把砂砾刮起，扫净地面细砂后，铺施基肥，然后把肥料翻入土内，耙平、压实后再盖上砂砾。另一种是按宽行84厘米，窄行50厘米，仅刮开窄行砂砾，将肥料施入，翻20～25厘米深，再耙平、压实后盖砂。一般每667平方米施土粪

3 000～4 000千克、大粪干 200～600 千克、油渣 100 千克。

3. 砂田栽培技术要点

(1)选地　选用地势高燥、灌溉方便、地下水位低、土壤疏松的砂田栽培甜瓜。

(2)播种　砂田甜瓜一般在 4 月中旬播种。播前先用 40℃左右的温水浸种 2～3 小时。播种时，先用划行器在砂面划行，标明播种位置。要求播种位置在施肥行的旁边。砂田甜瓜的行株距很不统一，如有 1.33 米×1.33 米、1 米×1 米、1.2 米×0.66 米、1 米×0.8 米等。播种时用瓜铲扒开播种位置的砂砾，扫净细砂，铲松土壤轻轻压实，然后开 2～3 厘米深的播种沟。每穴播入 3～4 粒种子，并将周围砂砾填入严实，以防跑墒。如遇旱年土干墒欠，应浇水点种。并在播穴上面加盖一块较薄的扁平石片或农用地膜，可以增强播穴的保墒效果，预计种子开始顶土时揭去石片，开始出苗后及时破膜放苗。

(3)苗期管理　当幼苗出齐后，发现有缺株应抓紧补种。及时间苗、定苗。因播种位置已成小砂窝，所以定苗时应用砂砾把砂窝填平，并把植株挤紧。这样既有利于侧根生长，又可稳固植株，保墒抗旱。

(4)整枝压蔓　砂田甜瓜多采用双蔓枝及乱秧栽培。主蔓长至 0.7～1 米、选留副蔓时，在主蔓 5～6 节处掐去叶片、卷须及雄花蕾，扒开砂面，铲松土壤，将此两节位带伤口埋入土中，再盖好砂砾，以利于生根。然后将副蔓背向牵引，先压一石块，以防风吹滚秧。在 5～6 节处压 1 把，以后每隔 3～4 节压 1 把。在坐瓜节位的前后压蔓时，应注意将蔓放松成一弧度，并在瓜前多留 1～2 个节位，以利于果实发育。

(5)肥水管理　旱砂田栽培甜瓜，仅靠天然降水和砂田保墒满足植株对水分的需要。水砂田一般在幼苗坐齐后，长至鸡蛋大小时浇 1 次水，可使果实迅速膨大。如不特别干旱，不宜多浇。砂田追肥在幼苗长至4～5片真叶时进行。追肥要施在宽行，也就是当年没有施肥的“白行”内。施肥的位置一般距植株17厘米左右，扒开砂砾，扫净地面细砂后，每株施入大粪干0.5千克左右，再加油渣100克，与土混合均匀，压实土壤，覆还砂砾。疏理蔓，使叶片、瓜等在空间能合理分布。

三、厚皮甜瓜东移栽培技术

甜瓜有厚皮甜瓜和薄皮甜瓜2个不同的生态类型。厚皮甜瓜是我国对网纹甜瓜、硬皮甜瓜以及冬甜瓜3个变种的通称。厚皮甜瓜果大肉厚，美观耐贮，且香甜可口，品质极佳，素称高档瓜果。过去我国广泛栽培薄皮甜瓜(又称香瓜)。厚皮甜瓜仅在西北地区栽培，如国内外著名的哈密瓜等。但这些品种在东部地区难以栽培成功。近10年来，随着改革开放和经济发展，我国华北、华东和东北等东部地区相继从国内外引种试种并栽培成功。山东省农业科学院蔬菜研究所近年来从国内外引种进行试验和配套栽培技术的研究，也获得成功。并开始了育种工作。在引进品种中，尤以日本、美国和我国台湾省引进的品种容易在山东栽培。而台湾育成的品种也多为从国内外引进品种中选育的，故又称厚皮甜瓜为洋香瓜。山东省3～5月份和9～10月份日照充足，空气干燥，特别是内陆地区昼夜温差较大，加之有塑料大棚蔬菜栽培的基础，且市场需求量较大，前景看好，塑料大棚厚皮甜瓜栽培呈现出迅速发展的趋势。

(一)适宜的品种

多年的反复试验结果证明，我国原有的一些厚皮甜瓜品种，东移露地栽培和小拱棚设施栽培均遭失败，其中尤其是哈密瓜与白兰瓜的各中晚熟品种，不论采用哪种保护地栽培方式，均难于获得成功。而从台湾省和日本引进的一些厚皮甜瓜品种由于它们的适应性比较大，耐、抗病性比较强，经试验证明适于我国东部地区栽培，目前推广面积逐年扩大。

(二)适宜的栽培季节和栽培方法

厚皮甜瓜东移栽培的栽培季节，华北地区 4～6 月份属于旱季，比较适于厚皮甜瓜生长。因此，采取早熟避雨的方法，争取在雨季到来之前采收上市，即可获得成功。如果用的是极早熟品种，一般只需采用早育苗和拱棚覆盖等简易综合早熟栽培技术即可。但是如果用的是生育期较长的品种，为了防止后期雨淋则必须改用大棚或小拱棚全覆盖避雨栽培方式。长江中下游地区 6 月份有个阴雨连绵的梅雨季节，东北地区的季节晚，播期迟，种植厚皮甜瓜必须越夏栽培而与 7 月份的雨季相遇。所以，在这两个地区发展厚皮甜瓜生产必须采用大小棚避雨栽培才能比较安全保险。华南地区虽然年降水量多，但秋季却多晴少雨，故珠海、深圳等地在 8～10 月份试用大棚、温室栽培高档厚皮甜瓜获得了成功。

根据南方多雨，但雨量分布不均的气候状况，选择比较适宜的栽培季节并采取一定的保护措施，尽可能避开或减少不利气候的影响，将甜瓜植株生长和果实成熟过程安排在温度适宜、空气湿度低的环境，以获得优质稳定的商品。各地适宜栽培季节和栽培方式见表 5-1。

(三)田间管理方法

1. 早熟栽培　采用 3 月上旬温室设施育苗，4 月初移于大棚或小棚双膜覆盖。也可于 3 月 10～15 日直播，用小拱棚双膜覆盖。品种一般选用耐低温、弱光照的日本伊丽莎白或国产中华伊丽莎白、玉金香以及台湾省的状元、蜜世界、玉露、女神等品种。

(1)小拱棚早熟栽培　沿用西瓜双膜覆盖早熟栽培方式，畦宽

表 5-1　长江中下游和华南地区适宜的栽培季节和栽培方式

地　区	月份 12	1	2	3	4	5	6	7	8	9	10	11	栽培方式
连云港		○		△			□—□						日光温室
徐　州		○	△				□—□						简易大棚(三覆盖)
南　京 合　肥			○	△			□—□	○	△		□—□		大　棚
上　海			○	△			□—□						宽幅小棚(三覆盖)
海　南	○		△			□—□				○	△		宽幅地膜
			□—□										
珠　海		○	△			□—□		○		△		□—□	遮雨棚

注:○表示扣棚覆膜;△表示播种或定植;□-□表示成熟上市

2 米,畦边定植 1 行甜瓜,小拱棚跨度 1 米,拱高 0.5 米,地膜宽 1 米,天膜宽 2 米,天膜以保温性较好的农用薄膜为宜。甜瓜株距 50～60 厘米。每 667 平方米定植 550～650 株,采取双蔓整枝法留果。

(2)大棚早熟栽培　棚的跨度为 1.5 米,高 0.8～1 米,棚长 30 米,以便于早期通风降温。采用 3 膜覆盖,除棚膜、地膜外,需在幼苗定植后再用简易小拱棚(高、宽均为 0.3～0.4 米)短期薄膜覆盖保温护苗。棚膜覆盖时间直到采瓜结束,以免生长后期遭受雨害。天晴高温及果实成熟后期需将棚膜拉至骨架最高点及时通风。大棚早熟栽培,一般畦宽 2.2～2.5 米(连沟),瓜苗植于畦中央,株距 30 厘米,每 667 平方米定植 800 株;实行匍地双蔓整枝法留果,瓜苗两侧各留 1 条子蔓。

2. 中熟栽培　采用大棚草莓套作,一般在 3 月底或 4 月上旬育苗,4 月下旬套植于大棚草莓中,以防梅雨对甜瓜的危害。考虑到甜瓜成熟阶段阴雨季节长,湿度高,日照不足且夜间温度高,昼夜温差小的情况,选用高温耐湿抗病品种,如伊丽莎白及秋香、秋华2号、秋蜜等耐病毒病和霜霉病品种。

(1)平畦栽培　在早期草莓收获后的4月下旬，先将第二、第五畦草莓(一般大棚内为6畦草莓)翻耕整地，在其上各种1行甜瓜；株距30～35厘米，每667平方米定植600～700株，采用匍地双蔓整枝法留果。在子蔓长至30厘米时再将两旁的另2畦草莓翻耕施肥，拼整成各宽3米的两条瓜畦。

(2)直立式栽培(立式支架栽培)　亦是利用大棚草莓的第二、第五畦各种植2行甜瓜，行距30厘米，株距30～40厘米，交叉梅花形种植，每667平方米定植1 200株。采用单蔓整枝法留果，待瓜蔓长到30厘米时，也把6畦草莓拼整成2条瓜畦。瓜蔓向左右方向沿畦面爬行35厘米上架。小竹竿插在距瓜苗50厘米处，在直向水平离地1.5米处拉1根铅丝，固定于大棚两头；再将小竹竿固定在铅丝上，使瓜蔓沿小竹竿向上伸长。小竹竿间大行距离2米，小行距离1米。

3. 高山晚熟(延后)栽培　高山栽培甜瓜以幼株果树套作为主。利用海拔400～800米山地的特殊气候环境，选择立地条件好的地块，按照"基肥深施、大穴改土、覆膜抗旱、综合防病"栽培技术，可使甜瓜较平原栽培的可溶性固形物含量增加2%～3%，且口感品味俱佳。针对海拔400～600米山地或海拔800米高山，分别可采用5月中旬或7月上旬直播(育苗)2种方式。前者可掌握在8月中旬成熟时避开9月上旬左右西北地区哈密瓜、黄河蜜瓜互相竞争的矛盾，后者实现延后上市之目的。品种可选用易栽培的抗病品种如秋香、秋蜜、女神、银岭等。

(1)平畦栽培　采用匍地双蔓整枝法，每667平方米定植550～600株，根据前述栽培技术进行栽培。即深施、早施农家肥、杂草树叶为主，化肥为次。即以1穴2苗定植。酌施石灰、草木灰。雨后及时覆膜，提高地温，减少水分蒸发。综合防病，以防为主，控制根、叶部病害。

(2)双季连作栽培　亦采用匍地双蔓整枝，每667平方米定植500株。关键技术有：①山地高度和纬度的选择，既要考虑双季全生育期的积温需要，又要考虑第二季苗期的高温障碍，因此海拔选择400米左右为宜。②两季采用简易大棚栽培，前季3月底4月初直播，约7月上旬成熟。第二季于7月上旬育苗，7月下旬左右移栽，育苗期用黑纱遮荫降温，待8月下旬气温下降再棚架覆膜。③土壤应选择适合水旱轮作的稻田，第二季可利用前季设施，保留原畦形，但需改换原穴位。④密切注意病毒病、疫病等病害的土壤传播，及时防治。应选用生育期短的如状元、太阳、银香等品种。

(四)综合防病技术

甜瓜病虫害的综合治理包含以下内容。

第一，选用抗病、耐病、耐弱光、耐湿良种。

第二，加强植物检疫，严防危险性病虫和杂草的传入。

第三，认真做好病虫害预测预报工作，使病虫防治工作收到事半功倍之效。

第四，农业防治。一是选择土层深厚的砂壤土种瓜。二是不要与葫芦科、茄科作物重茬，最好实行5年以上的轮作或水旱轮作。三是深翻田地消灭土壤中越冬病菌和虫源，有利于病株残体分解腐烂，翌年土壤疏松，便于平整土地。施足基肥，每667平方米施充分腐熟的优质厩肥3 000～5 000千克，发过酵的棉籽饼、豆饼50～100千克，氮磷钾复合肥10～15千克。四是选择瓠瓜、黑籽南瓜作砧木进行嫁接育苗。五是适时播种、合理搭配间、套种作物，改进播种技术，如采用开沟、覆膜、垄上栽种等，可起到防病、避病作用。实行瓜与花生等作物间作套种，能充分利用土地，增加经济效益。六是加强出苗后田间精细管理。如幼苗期要严控灌水量，以防降低地温，未覆膜的瓜地雨后或灌水后可松土，促使根系发育。生长期要禁止串灌和大水漫灌。田间如有积水，一定要及时排除。要根据品种特性适度整枝、打杈，避免造成伤口过多，从而减少病菌入侵的机会；适度整枝，防止瓜暴露在强烈日照下发生灼伤。要提倡叶面追肥，以调节生长，增强植株抗病性。

第五，科学地使用农药。一是瓜田发生病虫“中心株”时，不要全田喷药，这样既可避免浪费农药和劳力，又可避免杀伤害虫天敌。建议采用内吸剂涂瓜蔓，防治瓜蚜、叶螨；采用点片喷雾法控制害虫蔓延传播。甜瓜上禁用剧毒农药，严防农药污染瓜果。宜用高效、低毒、低残留的农药，合理地交替使用，或合理的混合使用。二是防治真菌性病害。如枯萎病、蔓枯病、疫霉病、叶枯病、霜霉病、炭疽病，常用的农药有多菌灵、代森锰锌、甲霜灵·锰锌、百菌清、乙磷铝、噁霜锰锌、福·福锌等。防治根病，一般用药液灌瓜蔓基部和瓜根；茎蔓部和叶部病害，采用喷雾法。三是防治细菌性叶斑病、角斑病，选用农用链霉素、新植霉素、琥胶肥酸铜、波尔多液、甲霜铜、福美甲胂等农药。四是防治病毒病。首先要消灭传毒媒介昆虫（如蚜虫）。还可喷施 0.2%磷酸二氢钾起钝化病毒作用，增强植株抗病性，或喷 20%盐酸吗啉胍·铜可湿性粉剂 400～500 倍液。五是防治苗期地下害虫，可用毒饵诱杀或撒毒土或药剂灌根。以 80%敌百虫可湿性粉剂或 50%辛硫磷乳油 100 倍液配制毒饵，饵料用鲜草；或加细土配成毒土，在太阳下山后撒于植株周围；或用上述农药配成 1 000 倍液灌根。对瓜蚜、叶螨害虫可用内吸性农药涂茎或喷雾防治。

四、薄皮甜瓜栽培技术

（一）严格轮作

香瓜忌连作，因连作后会发生枯萎病引起死秧，应实行 3 年以上的轮作，旱地的轮作年限比水田要长一些。香瓜一般都与大田作物轮作，为了减少病虫危害，不宜选用老菜园地种瓜，也不应与其他瓜类作物接茬，通常选择前茬收获较早的大秋作物茬口。熟荒地的肥力高、病虫少，适于种瓜。甜瓜是比较理想的荒地先锋作物，香瓜与甜瓜一样都是一个好茬口，瓜茬地肥力足、后效高，后作粮食作物或蔬菜均可显著增产，后茬作物以小麦等越冬作物和萝卜秋菜为多，南方香瓜地收获插晚稻的效果亦比较好。

(二)合理间作套种

香瓜的生长周期短、行距宽，适于在行间进行间作、套作。一般以幼苗期套作在小麦、油菜、蚕豆等作物的地内为多。头 1 年当这些越冬作物进行播种时，就应留出间作套种行，翌年春香瓜就在这些事先留出的行上适时进行直播或定植幼苗，这些先行生长的直立性越冬农作物，可以起到很好的屏障作用，保护幼苗防风御寒。北方棉花、油菜、玉米等都是香瓜地常用后套作物，通常合理调节播种期，错开旺盛生长期，使间、套作物之间的生长竞争矛盾得到合理解决。

(三)整地做畦

准备种香瓜的地块在前 1 年大秋作物收获后，普遍进行 1 次冬前深耕，要求深度在 30 厘米以上，耕而不耙以积蓄冬季雨雪，使土壤充分晒垡熟化，从而有利于翌年瓜根深扎。开春后再行耕翻耙耱，使耕作层细碎无大土块。瓜地经耕翻、施肥、整平后，即可按行、株距要求进行播种。水浇地则均应做畦浇水。北方干旱、风沙大，为了保墒都做水旱塘栽培畦，水沟覆膜，干旱缺墒时进行沟灌。南方多雨均做成高畦高垄以利于排水，畦面高于地平面，在畦与畦之间的深沟内进行排灌。

(四)播　种

香瓜根系生长迅速,但木栓化程度比较快,幼根表皮容易形成周皮,移植伤根后的恢复再生能力比较弱,缓苗很慢。因此,生产上习惯采用直播方法。种子要经过精选,去除杂、劣籽。播种可以用干、湿籽或出芽籽。干籽的适应性强,可以提早播种,当土壤温、湿度适宜时即能自行发芽出土。播种出芽籽,可使出苗快、成苗率高,但遇上低温阴雨天就容易烂籽,影响出苗。

1. 播期　露地最早直播期应以地温已经稳定在15℃以上以及出苗后晚霜刚过为原则,长江中下游一带均在清明前后直播,华北平原多于谷雨前后播种,黑龙江、内蒙古地区则要到立夏才能直播。

2. 播种量　一般每667平方米直播用种量20～25克。密植和播种干籽时用种量多,稀植或催芽播就比较省籽。行、株距通常为100～167厘米×50～67厘米,每667平方米栽植600～1 000株。

3. 播种方法　露地直播都采用穴播法,每穴播籽5粒以上或播芽3～4个,播时将种子均匀摆开。北方春旱,播种时常因底墒不足需要临时浇穴水。为了增温保墒促进幼芽出土,北方瓜农普遍采用地膜覆盖栽培,播种穴深2～3厘米。南方多雨,覆土深度则随土质与墒情不同而定,砂质土壤覆土3～3.5厘米,黏重土只需2～2.5厘米厚,播后穴面可铺一层砂。

(五)中耕松土

北方旱地栽培要重视中耕松土,幼苗出土后旱塘应进行多次中耕除草,以起到增温保墒促进幼苗生长的作用。南方多雨,畦面容易板结和被雨水淋刷,除了中耕松土外,还要进行培土和铺草。培土一般进行2～3次,即用铁锨将沟内土起出培于根际附近,以起到护根作用。南方铺草效果很好,可以保持土壤湿度,防止地面板结,减少烂果和土壤害虫食害果实,使瓜蔓攀缘其上防止风害。

(六)浇　水

香瓜地的土壤湿度不宜过高,尤其是成熟期内最忌雨水。此时,雨水一多就会造成果实甜度明显降低。播种或定植前土壤墒情好或浇透底水后,一般尽可能以少浇或不浇为原则。苗期的需水量少,适当蹲苗,以促进根系深扎。开花坐果期应保持一定湿度。北方此时又正值高温旱季,常常需要补水,膨瓜期的需水量最多,就应根据墒情适当多浇;南方结瓜中后期进入旱季,故常在此时进行补充灌溉。为了确保品质,成熟前 1 周左右就应停止浇水。

(七)施　肥

种植香瓜品质要求很高,因此必须注意磷、钾肥的合理搭配。苗期施肥应以氮、磷为主,但氮肥施用过多会引起坐果不良和病害加剧。结瓜期内要增加钾、磷肥用量,以增进果实品质。开春结合耕翻整地时施入,施用量占总施肥量的 1/2～2/3。北方基肥施用量大;南方雨多土壤养分容易淋失,故基肥比例小。比较重视追肥,一般每 667 平方米施有机肥 3 000～5 000 千克。各地经验证明,基肥施用过磷酸钙效果较好,一般每 667 平方米施 25～50 千克。基肥施用量的多少应根据生产条件、土壤肥力而定,条件好、肥源足、沙地薄地应适当多施一些。基肥的施用方法,有机肥结合耕翻进行撒施,化肥采用沟施或穴施集中施用。

甜瓜追肥南北地区差异较大。北方一般只在摘心后伸蔓期结合浇水追肥。南方追肥常分 3～5 次进行,苗期追 1 次,摘心后追 1 次伸蔓肥,结瓜期追施果肥 1～3 次。香瓜为一株多果,连续结果、连续采收作物。所以,多次追施果肥,可以有效防止植株早衰,延长收获期,从而获得增产,有的瓜农甚至采取收 1 次果追 1 次肥的方法。在追肥种类上，习惯使用人粪尿等速效性肥料，加水 3～5 倍稀释后进行泼浇。也有在伸蔓期追施油饼类细肥的。植株生育后期，可以进行根外追肥，用 0.3％尿素和 0.3％磷酸二氢钾溶液喷洒叶面后均有良好的效果。

（八）植株调整

香瓜整枝最常用的是双蔓整枝与四蔓整枝 2 种方式。双蔓整枝的比较早熟，一般栽培则多用四蔓整枝。双蔓整枝法就是在幼苗 4～5 片真叶时进行主蔓摘心，选留 2 根健壮子蔓，子蔓 8～12 片叶时进行摘心，选子蔓 3～4 节发生的孙蔓留果，孙蔓上留 2～3 片叶摘心。四蔓整枝一般也在幼苗 4～5 叶时摘心，留 4 根子蔓四向伸出，当子蔓具 4～8 片真叶时摘心，留叶少结瓜少、成熟早。坐果前要及时摘心抹芽，幼果坐稳后放任生长。一般每株留瓜 3～5 个，小果型品种甚至每株可留 10 余个。果实定个后应及时进行垫瓜、翻瓜，尤其是南方多雨易于烂果，可以铺草垫瓜，也可以编草圈垫。翻瓜可使果实生长均匀整齐，色泽一致、甜度均匀。翻瓜时每次只能动 1/5，不能 180°对翻，以免底面突然受烈日暴晒而灼伤。翻瓜时间是在日落前 2～3 小时进行为宜。

思考题

1. 试述甜瓜追肥的原则和各个追肥时期的追肥量。
2. 露地甜瓜栽培整枝方式应注意的事项有哪些？
3. 薄皮甜瓜栽培技术要点有哪些？
4. 施用钾肥有哪些好处？具体施用量是多少？
5. 旱地甜瓜栽培应采取哪些抗旱措施？

第六章　甜瓜病虫害防治技术

一、甜瓜主要病害及其防治

(一)猝倒病

又叫立枯病,是主要苗期病害。猝倒病为真菌性病害,病原之一为鞭毛菌亚门腐霉属瓜果腐霉菌,病原之二为鞭毛菌亚门甜瓜疫霉属。

1. 症状　发病初期,幼茎近地面处呈水渍状病斑,逐渐变黄褐色、缢缩成线状。子叶萎蔫,幼苗倒伏死亡。猝倒病菌腐生性很强,在有机质较多的土壤中长期存活,以卵孢子在土壤中越冬。早春土壤温度低、湿度大,有利于病菌生长繁殖;地温在 10℃～15℃时,病菌繁殖最快。

2. 防治要点

(1)种子消毒　播种前用 55℃温水浸泡 10～15 分钟,经催芽后播种;或用 25%甲霜灵可湿性粉剂与 70%代森锰锌可湿性粉剂 9∶1 混合,再加水配制成 1 500 倍液浸种。

(2)药剂防治　田间发现病株,及时喷药,可选用 75%百菌清可湿性粉剂 600 倍液,或用 64%噁霜锰锌可湿性粉剂 500 倍液等,注意喷洒幼苗茎部。

(二)白粉病

又称白毛病,全国各地均有发生。在甜瓜生长的中后期受害重,使植株早衰,降低瓜的品质。白粉病病原菌为子囊菌亚门单丝壳属和白粉菌属的真菌。

1. 症状　白粉病主要危害叶片、茎蔓，叶柄也可受害。发病初期，叶片上出现白色圆形小斑点，病斑扩大后相连成片，严重时叶片正反面、茎蔓上布满一层白粉，病叶枯萎发脆、褪色、卷缩。白色粉状物即病菌的菌丝体、分生孢子梗和分生孢子。发病后期白粉层呈白色，其上有时可见黄褐色或褐色小粒点即闭囊壳。

病菌以菌丝体、分生孢子和闭囊壳在病残体上或者温室作物及杂草上越冬，田间产生的分生孢子借气流、雨水传播，当瓜田湿度大、植株生长茂盛时易发病，而在温室、大棚种植甜瓜常因空气不流通，白粉病发生严重。

2. 防治要点

(1)加强田间水肥管理，防止植株徒长和早衰　施用有机肥和三元复合肥，保持植株通风好。及时整枝打杈，作物收获后清除病株残体，减轻翌年初侵染源。

(2)药剂防治　调查发病中心，掌握植株发病初期及早喷药，控制病情蔓延。用50%硫黄悬浮剂200～300倍液，或用50%甲基硫菌灵可湿性粉剂500倍液，每隔7～10天喷1次，每667平方米喷药液60升左右。

(三)枯萎病

又称萎蔫病，是典型的由土壤传播的病害。甜瓜枯萎病主要致病的病菌是尖孢镰刀菌甜瓜专化型，为半知菌亚门链孢霉属。

1. 症状　从苗期到成株期均可发病，结瓜中期为发病高峰期，常引起瓜秧枯萎死亡，对瓜的品质、产量影响很大。苗期发病，幼茎基部变褐缢缩，子叶、幼叶发黄萎蔫下垂，严重时幼苗僵化，枯萎死亡；成株期受害，叶片从根颈部向上逐渐萎蔫，中午症状尤为明显，呈青枯萎蔫状，早晚可以恢复正常。如此反复数日后，叶片呈褐色、萎蔫，日趋严重，引起全株枯萎死亡。典型症状是病根表皮呈水渍状黄褐色，粗糙、有纵裂。剖视根茎，维管束呈黄褐色，是病菌的菌丝体、分生孢子侵入病变组织所致，红色霉状物即病菌分生孢子。

2. 防治方法 ①因地制宜，选用抗病、丰产的良种。②采用高畦覆膜栽培，定植嫁接苗。同时实行与非瓜类作物轮作。③种子消毒，采用70%敌磺钠或50%多菌灵等药剂拌种，或用70%甲基硫菌灵可湿性粉剂500倍液浸种30分钟 。④在发病初期可用70%甲基硫菌灵可湿性粉剂500倍液，或50%多菌灵可湿性粉剂1 000倍液，或70%百菌清可湿性粉剂600倍液灌根。

(四)蔓枯病

甜瓜蔓枯病又叫黑斑病、黑腐病。是甜瓜产区较普遍发生的一种病害。有时在个别地块发病严重，可造成整片病株。大棚温室的厚皮甜瓜，发病率也很高。

1. 症状 病菌主要危害瓜根茎基部、主蔓、侧蔓、蔓分枝处及叶柄，病斑初呈水渍状、灰绿色、菱形或条状斑向上蔓延，逐渐形成黄白色、椭圆形凹陷斑。有时患病部位分泌出黄褐色，橘红色至黑红色胶状物。病斑后期散生黑色小粒点。潮湿条件下，叶片及果实也可被害。蔓枯病与枯萎病不同之处在于病势发展缓慢。剖视病茎，病菌以侵害表皮层为主，维管束不变色。

病菌以分生孢子及子囊壳随病残体在土壤中越冬。翌年经风雨传播。病菌由茎的节间、叶和叶缘的水孔及伤口侵入，高温高湿、种植过密、叶蔓茂盛及通风不良等均易使病害流行。

2. 防治方法 ①以健株留种，播前种子消毒。②实行2～3年的轮作。③施用充分腐熟的有机肥，并注意氮、磷、钾肥的合理搭配。④药剂防治。在发病初期全面喷施70%代森锰锌可湿性粉剂500倍液，或50%甲基硫菌灵或多菌灵可湿性粉剂500倍液，或70%百菌清可湿性粉剂600倍液，或用1∶50倍甲基硫菌灵液加噁霜锰锌药液涂抹病部。

(五)疫霉病

甜瓜疫霉病是一种土壤传播病害，全国各地均有发生，植株患病来势猛，死秧快，对甜瓜产量影响很大。除危害甜瓜外，还能侵害西瓜、黄瓜、西葫芦、南瓜、冬瓜等瓜类作物。

1. 症状　该病首先是从根茎部开始发病，表皮层呈水渍状，病部逐渐缢缩软腐，植株迅速萎蔫。病株叶片受害，产生由叶缘向内扩展的圆形或不规则形暗绿色边缘不明显病斑，叶片极易破裂，干燥时呈青枯状。病菌以菌丝体、卵孢子或厚垣孢子随病残体在土壤中或未腐熟的粪肥中越冬。田间病菌借雨水、灌溉水和气流传播。降雨多或大水漫灌、瓜地潮湿有积水、通风不良者发病重，土壤黏重板结的重茬田或施用了含有病残体的未腐熟土杂肥者易发病。

2. 防治方法　①不与葫芦科、茄科作物接茬，播前种子消毒。②加强田间管理，采用高畦栽培。植株生长前期和发病初期要严格控制浇水，中午高温时不要浇水，严禁串灌，防止田间有积水。合理施肥。田间发现病株及早拔除，收获完毕后及时清除田园残物。③病害始发时使用化学药剂灌根或喷雾，选用25%甲霜灵可湿性粉剂800～1 000倍液，或58%甲霜灵·锰锌可湿性粉剂500倍液，或64%噁霜锰锌可湿性粉剂400～500倍液。也可用75%百菌清可湿性粉剂600倍液，或70%乙膦铝·锰锌可湿性粉剂500倍液，每隔7～10天喷1次，连续防治3～4次。

(六)霜霉病

俗称“跑马干”，真菌性病害。对甜瓜、黄瓜侵害特别重，丝瓜、苦瓜、南瓜也能被侵染，而西瓜很少发病。

1. 症状　主要危害叶片。发病初期叶片呈水渍状褪绿小斑点。病斑扩大后受叶脉限制呈不规则多角形褐色斑，在潮湿环境下叶背面病斑上生有极稀疏的淡灰色到灰色霉层。严重时，病叶从基部向上迅速扩展,病斑融合成枯黄色大斑。病叶焦枯卷缩,似火烧一样。甜瓜果实瘦小,品质变劣。

南方全年种植瓜类的地区,病原菌无明显越冬期,冬季田间不种瓜类的地区,病菌以菌丝体、卵孢子随病残体在土壤中越冬,病菌又可来自温室种植的瓜类。翌年孢子囊借风力、雨水、昆虫传播。在昼夜温差大、多雨、有雾、地势低洼、种植过密、排水不畅和透风性不好的瓜地发病重。

2. 防治方法 ①种植抗病性较强的品种。②选择地势高,土质肥沃、质地砂壤的地块栽种,要求施足基肥,追施磷、钾肥。在生长前期适当控水,结瓜后严禁大水漫灌,并注意排除田间积水。及时整枝打杈,保持植株通风良好。③药剂防治。霜霉病通过气流传播,发生迅速,易于流行。故应在发病初期及早喷药才能达到良好防效。常用药剂及使用浓度有:25%甲霜灵可湿性粉剂800～1 000倍液、40%乙磷铝可湿性粉剂400倍液,或70%乙膦铝·锰锌可湿性粉剂500倍液,或68%甲霜灵·锰锌可湿性粉剂400倍液,或64%噁霜锰锌可湿性粉剂400倍液,或50%福美双可湿性粉剂500倍液。每667平方米喷药60～70升,每隔7～10天喷1次。

(七)叶枯病

又称褐斑病、轮纹病、早疫病。病原为半知菌亚门链格孢属,真菌性病害。

1. 症状 甜瓜的叶片、果实和茎蔓均可被害,但以叶片受害最重。发病初期病斑为水渍状褐色小点。病斑逐渐扩大、稍凹陷、深褐色,中心灰白色,具有微轮纹,严重时叶面焦枯。果实受害,圆形病斑常有纹。病菌主要以休眠菌丝体及分生孢子在种子和病残体或其他寄生物上越冬。病斑上的分生孢子靠气流、风、雨水、昆虫传播,在瓜田反复侵染。坐瓜期气温高、田间湿度大的病害发生严重。田间品种抗病性表现出明显差异。

2. 防治方法　①种子消毒。用75%百菌清可湿性粉剂或50%扑海因可湿性粉剂拌种，用量为种子重量的0.3%。也可用40%甲醛300倍液闷种2小时，清水冲洗后播种。②农业措施。轮作倒茬，增施农家肥，提高植株抗病力。避免大水漫灌，早期发现病叶及时摘除。③药剂防治。发病前开始喷洒75%百菌清可湿性粉剂600倍液，或58%甲霜灵·锰锌可湿性粉剂1 500倍液，或50%腐霉利可湿性粉剂1 500倍液。每隔7天1次，连续4～5次。如果喷药后遇到大雨则要补喷。

(八)病毒病

甜瓜病毒病又称花叶病、小叶病，为全株带毒系统性病害。病原有西瓜花叶病毒、甜瓜花叶病毒、黄瓜花叶病毒、南瓜花叶病毒等。

1. 症状　首先表现在叶片，多见深浅绿色相间的花叶斑驳，叶面不平，叶片变小卷曲，或叶片黄化、变厚、发脆，茎节缩短、扭曲。还有叶片叶脉坏死变褐，有不规则的坏死褪绿斑点和条斑产生。一般患病植株矮化，坐瓜困难、结瓜畸形瘦小。

病毒可以在多年生宿根杂草上越冬，有的甜瓜种子也带毒，传病媒介主要靠蚜虫和摩擦接触传播。高温、干旱、日光强是发病的主要条件，植株缺肥和生长势弱更易感病。瓜田蚜虫发生量大、病毒病重；瓜田离蔬菜地近，病毒病重。

2. 防治要点　①彻底铲除瓜田周围杂草，减少初次侵染源。②选用抗病品种、无病良种，或进行种子消毒，在恒温箱中干热处理种子。在68℃条件下灭菌72小时，或用10%磷酸三钠溶液浸种20分钟，捞出后清水冲洗干净，催芽播种。③加强栽培管理，施足基肥，叶面喷施0.2%～0.3%磷酸二氢钾溶液。④及时杀灭传毒媒介，喷洒20%甲氰菊酯乳油2 000倍液，或2.5%氯氟氰菊酯乳油4 000倍液，或2.5%联苯菊酯乳油3 000倍液。⑤发病初期喷 20%盐酸吗啉胍·铜可湿性粉剂 500 倍液，或 1.5%十二烷基硫酸钠乳剂 800～1 000 倍液，或菇类蛋白多糖 300 倍液。⑥使用银灰塑料膜驱蚜防病，或用黄板涂 10 号机油以粘杀蚜虫。

甜瓜常见病害的化学防治方法见表 6-1。

表 6-1 甜瓜常见病害的化学防治方法

病害	药名	剂型	浓度	方法
疫霉病	百菌清	75%可湿性粉剂	1000 倍液	喷雾/灌根/涂抹病部
	代森锰锌	70%可湿性粉剂	600 倍液	喷雾/灌根/涂抹病部
	甲基硫菌灵	70%可湿性粉剂	1000 倍液	喷雾/灌根/涂抹病部
	多菌灵	50%可湿性粉剂	1000 倍液	喷雾/灌根/涂抹病部
白粉病	三唑酮	25%可湿性粉剂	2000 倍液	叶面喷雾
	硫黄	45%胶悬剂	500 倍液	叶面喷雾
霜霉病	多菌灵	50%可湿性粉剂	500 倍液	叶面喷雾
	甲基硫菌灵	70%粉剂	800 倍液	叶面喷雾
	代森锌	80%粉剂	600 倍液	叶面喷雾
叶斑病	链霉素	72%可溶性粉剂	4000 倍液	叶面喷雾
	琥胶肥酸铜	30%可湿性粉剂	500 倍液	叶面喷雾
枯萎病	甲醛	40%溶液	150 倍液	浸种 30 分钟
	敌磺钠	70%	0.02%～0.03%	拌种
	拌种双	40%	0.02%～0.03%	拌种

二、甜瓜主要虫害及其防治

（一）蚜虫

俗称蜜虫、腻虫、油腻，属同翅目、蚜科。瓜田蚜虫种类多，以棉蚜发生较普遍。

1. 症状　蚜虫隐藏在叶片背面、嫩茎及生长点周围，以刺吸式口器吸食叶片汁液，使叶片卷缩、叶绿素消退、瓜苗萎蔫。蚜虫排泄的“蜜露”污染叶面，影响光合作用，使甜瓜品质、产量下降。蚜虫还是甜瓜病毒病的传播介体，应及时防治。

无翅成蚜体长1.5～2毫米。春、秋两季体色黑绿色至绿色，夏季黄绿色至深黄色。有翅型蚜具2对透明的翅。瓜蚜1年繁殖10～40多代，因地而异。夏、秋均进行孤雌生殖。秋末冬初雌、雄性进行交尾，产卵于花椒、石榴、木槿上越冬。在温室和花房里，冬季瓜蚜仍可继续繁殖。越冬卵孵化后在越冬寄主上繁殖2～3代后，产生有翅蚜飞往瓜地，不断繁殖，由点至面扩散到全田。瓜蚜世代周期短，夏季4～5天完成1代，每头雌蚜可产若虫60余头，增殖速度快，而它的天敌如瓢虫、草蛉、食蚜蝇等完成1个世代所需的时间长。当用化学农药灭蚜时，同时也可能杀死蚜虫的天敌，于是导致瓜蚜的再猖獗。干旱少雨有利于瓜蚜发生，降雨冲刷对它不利。蚜虫对黄色有趋向性，对银灰色有忌避性。

2. 防治方法　用银灰色地膜栽培或悬挂银灰色地膜，有驱避蚜虫的作用，或采用涂有黏着剂的黄板诱杀蚜虫。温室和保护地，冬季有瓜蚜繁殖，是翌年蚜源重要基地。应抓紧冬季灭蚜，从而减轻蚜害。瓜蚜发生初期，瓜田蚜害植株呈点、片状分布之时，挑治“中心蚜株”事半功倍。①瓜蚜发生初期，瓜田蚜害株呈点、片状分布之时，可采取整株拔除或人工摘除有虫叶片深埋防治。②敌敌畏毒土熏杀，适用于天敌已无力控制的瓜蚜。③喷雾防治。蚜害普遍发生之时，用80%敌敌畏乳油1 000倍液，或20%氰戊菊酯2 000～3 000倍液，或20%甲氰菊酯乳油2 000倍液，或2.5%联苯菊酯乳油3 000倍液。

(二)白粉虱

俗名小白蛾，属同翅目、粉虱科。分布于北方，为害瓜类、番茄、烟草、花卉等。

1. 症状 成虫和若虫吸食植物汁液，被害叶片褪绿、变黄、萎蔫，甚至全株枯死。分泌大量蜜液，严重污染叶片和果实，往往引起煤污病的大发生，影响产量和品质。

白粉虱成虫体长 0.9～1.5 毫米，淡黄色，翅面有白蜡粉。休息时双翅呈屋脊状盖于体背。卵有柄，产卵时以卵柄从叶背气孔插入植物组织中。当若虫口针刺入叶组织后即不再移动，固定生活，足和触角退化。伪蛹椭圆形，扁平，黄褐色。若虫和伪蛹被天敌昆虫丽蚜小蜂寄生后，虫体发黑，死亡。1 年发生 10 余代。冬季在室外不能越冬，但可在温室、花房内繁殖。春、夏季可在温室外不断扩散为害。成虫不善迁飞，高度密集，进行两性生殖和孤雌生殖，7～9 月份为害最重。

2. 防治方法 ①温室要尽量彻底清除前茬作物的残株、杂草，并带出室外处理。随后对温室进行熏蒸灭虫，力争做到定植温室干净。在通风口封纱阻虫。②人工培养和释放丽蚜小蜂，控制白粉虱效果极好。③黄板诱杀。利用白粉虱对黄色的趋向性，在涂有黄色油漆的板上再涂一薄层黏性油置于温室或大田行间，与植株等高进行诱杀，当诱虫板粘满粉虱虫体和尘土时，重新再涂上一层黏油使用。④用 10%噻嗪酮乳油 1 000 倍液喷洒对粉虱有特效；或用 25%灭螨猛乳油 1 000 倍液，对粉虱成虫、卵和若虫皆有效。若 2.5%联苯菊酯乳油 3 000 倍液，或 2.5%氯氟氰菊酯乳油 5 000 倍液，或 20%甲氰菊酯乳油 2 000 倍液，连续施用，可杀死成虫、若虫、假蛹。

(三)美洲斑潜蝇

为害甜瓜的潜叶蝇为豌豆潜蝇或美洲斑潜蝇,属双翅目、潜蝇科。分布广,寄主有瓜类、豌豆、蚕豆、十字花科植物等 21 科 130 余种植物。

1. 症状　成虫、幼虫均可为害甜瓜。幼虫潜食叶肉成一条条虫道,被害处仅留上下表皮,产生不规则蛇形白色虫道,虫道内有黑色虫粪,俗称"鬼画符"。严重时被害叶萎蔫枯死,影响瓜的产量。成虫是一种小蝇,体长 2～3 毫米。幼虫蛆形,体长 3.5 毫米左右,体表光滑柔软,黄白色至鲜黄色。雌成虫飞翔把植物叶片刺伤,进行取食和产卵。1 年发生多代,以蛹在被害叶内越冬。南方无越冬现象。越冬蛹春天羽化,先吸花蜜。交尾后产卵,多产在幼叶叶缘组织,孵化后在叶内潜食。

2. 防治方法　①瓜果采收后,清除染虫瓜蔓、瓜叶沤肥或烧毁。深耕冬灌,减少越冬虫口基数。②农家肥要充分发酵腐熟,以免招引成蝇产卵。③用灭蝇纸诱杀成虫。在成虫始盛期至盛末期,每 667 平方米设置 15 个诱杀点,每个点放置 1 张诱蝇纸诱杀成虫,每隔 3～4 天更换 1 次。④药剂防治。产卵盛期和孵化初期是药剂防治适期,及时采用 80%敌敌畏乳油或 90%敌百虫、拟除虫菊酯类农药 2 000～3 000 倍液,或 48%毒死蜱乳油 800～1 000 倍液,或 10%阿维菌素乳油 1 000 倍液喷杀。

(四)种　蝇

种蝇俗名地蛆、根蛆、瓜蛆、瓜种蝇等。是瓜、豆、花生、棉、麻、十字花科蔬菜苗期的主要害虫之一。全国各瓜区都有分布,北方比南方发生多,危害重。

1. 症状　幼虫(蛆)蛀食种子、嫩苗和幼茎,造成烂种、死苗。种蝇体小,多毛,中胸背板被一横缝划分成前后两片。幼虫无足,身体前端尖小，腹部末端有几对突起。

2. 防治要点 ①不施用未腐熟的粪肥和饼肥。②用40%乐果乳油1 000倍液浸种。③播下瓜种，盖一撮细砂，砂上盖毒砂。然后再盖细土，总覆盖厚度不得超过2～3厘米。用50%辛硫磷与细砂按1∶1 000比例混合配制毒砂。毒砂还可兼治多种地下害虫。④糖醋液诱杀种蝇成虫。糖醋液用2份糖、2份醋、5份水，加微量敌百虫水溶液配成。

(五)蓟马类

属缨翅目、蓟马科。瓜田常见的有烟蓟马、黄蓟马、棕榈蓟马，广泛分布，食性杂。

1. 症状 成虫和若虫用锉吸口器锉食心叶、嫩芽、花和幼果的汁液，可使主茎生长点萎缩，节间缩短，侧芽丛生，幼果畸形、硬化、变黑，心叶不能舒展，妨碍瓜苗生长，甚至可以引起落果。蓟马体微小，体长1～2毫米，缨翅，体色黄色至淡棕黄色或金黄色，常栖于幼芽、心叶和花中，行动迅速，善飞、善跳。1年发生10余代至20余代。在土隙缝中和落叶层中过冬。蓟马春天危害幼苗，性喜温暖干燥、畏强光。黄蓟马以夏、秋两季发生最多。营孤雌生殖和两性生殖，卵散产于叶组织内。若虫共3龄，在土中“化蛹”。

2. 防治要点 ①冬前深耕浇水，消灭土中蓟马。②加强水肥管理，清除杂草，促瓜秧生长健壮。③喷雾可用50%辛硫磷乳油1 000倍液，或50%杀螟丹粉剂2 000倍液，或烟草石灰水(1∶0.5∶50)，或拟除虫菊酯类药剂4 000～6 000倍液等，一般连续用药2～3次，才有稳定的明显效果。

(六)守瓜

属鞘翅目、叶甲科(金花虫科)，主要种类有黄守瓜、黄足黑守瓜、黑足黑守瓜等。

1. 症状　成虫食瓜叶，常以身体为半径咬食一圈然后再在圈内咬食，叶面上呈现环形（或半环形）的食痕或圆形孔洞。成虫常把瓜苗嫩茎咬断，也食花和幼瓜。幼虫在土中食根，群蛀瓜根颈使瓜蔓萎蔫死亡，幼虫蛀食贴在地面的幼瓜引起腐烂。守瓜的寄主植物有瓜、豆、桃、梨、苹果、柑橘等。

在北方每年发生 1 代，长江流域 1～2 代，华南 3 代，台湾 3～4 代。以成虫在向阳的杂草、叶层或土隙中越冬，翌年土壤温度达 6℃时出蛰，春暖后四处觅食，交尾产卵。卵产在瓜根附近土面或土隙中，成块。成虫活动期可长达 5～6 个月。幼虫共 3 龄，食根或蛀食幼瓜，其危害性大于成虫。

2. 防治要点　①早育苗，早定植，躲过幼苗受害的敏感期。②间作套种，瓜与芹菜间作可减轻受害。③早晨露水未干前，人工捕杀成虫。④在瓜苗附近撒施草木灰、木屑、秕糠、石灰粉等防止成虫产卵。⑤喷杀成虫，或浇瓜根防幼虫。常用农药有 90％敌百虫晶体 1 000～ 2 000 倍液，或 50％辛硫磷乳油 1 500 倍液。⑥为防止幼虫蛀瓜，可用麦秸等物垫在瓜下，不让瓜与土壤接触。

甜瓜常见虫害的化学防治方法见表 6-2。

表 6-2　甜瓜常见虫害的化学防治方法

害　虫	药　名	剂　型	浓　度	方　法
蚜　虫	20％氰戊菊酯	乳　油	2000 倍液	喷　雾
	2.5％氯氟氰菊酯乳油	乳　油	3000～4000 倍液	喷　雾
	10％噻嗪酮	乳　油	1000 倍液	喷　雾
美洲斑潜蝇	48％毒死蜱	乳　油	800～1000 倍液	喷　雾
	10％阿维菌素	乳　油	1000 倍液	喷　雾

续表 6-2

害虫	药名	剂型	浓度	方法
白粉虱	10%噻嗪酮	乳油	1000 倍液	喷雾
	2.5%溴氰菊酯	乳油	2000～3000 倍液	喷雾
	25%灭螨猛	乳油	1000 倍液	喷雾
黄守瓜	20%氰戊菊酯	乳油	2000 倍液	喷雾
	2.5%溴氰菊酯	乳油	2000～3000 倍液	喷雾
种蝇	90%敌百虫	晶体	1000 倍液	灌根
	50%辛硫磷	乳油	1000 倍液	灌根

三、甜瓜主要生理病害及其防治

生理病害是指植物在生长发育中，由于环境影响，使植物正常代谢受到破坏，轻者减产，重者全株死亡。这种非病原菌侵染引起的病害称蔬菜生理病害。甜瓜主要营养除了氮、磷、钾三要素需求量较大外，对钙、镁、硫、铁、硼、锌等元素的吸收也是比较多的。甜瓜缺乏任何一种必需元素，都将引起内部生理代谢失调，外部产生症状，使产量下降，品质变劣。

（一）植株生育异常

1. 营养缺乏障害

(1)缺氮症　甜瓜生育期缺氮时表现植株矮小，生长缓慢，茎节短而细，叶片小，呈淡绿色至黄色，自老叶向新叶逐渐黄化，叶片基部呈黄色，干枯后呈浅褐色。防治方法：①增施有机肥，防止生育期缺肥。②发生缺氮症状及时采取补救措施，叶面喷施 0.2%尿素和含氮化肥，每隔 5～7 天喷 1 次。

(2)缺磷症　瓜类作物缺磷症状没有缺氮那么明显，表现为生长缓慢，植株矮小，叶片小，叶色暗绿，无光泽，下部叶片变为紫色或红褐色，植株呈小老苗；花小，果少；侧根生长不良，果实延迟成熟。防治方法可叶片喷施2%过磷酸钙浸出液或0.3%磷酸二氢钾溶液，每隔5～7天喷1次，连喷2～3次。

(3)缺钾症　瓜类作物缺钾时会引起碳水化合物的合成受阻，细胞壁变薄，质地变软，易倒伏，抗寒、抗旱能力较差。表现的症状为老叶叶尖和边缘发黄，后变褐色，叶片上常出现褐色斑点或斑块，但叶中部靠近叶脉处叶色常不变，严重时幼叶也表现同样症状。防治方法为增施有机肥和钾肥。发现缺钾症状及时进行叶面喷施0.2%～0.3%磷酸二氢钾溶液，每隔3～4天1次，连喷2～3次，效果显著。

(4)缺钙症　瓜类作物缺钙时，植株矮小，生长点萎缩，顶芽枯死，生长停止；幼叶卷曲，叶缘褪色并逐渐死亡，老叶仍保持绿色；根尖枯死，甚至腐烂，果实顶端亦出现凹陷、组织坏死。土壤含钙低、土壤盐分含量高、过量使用氮肥，都会影响根系对钙的吸收而引起缺钙。防治方法为增施有机肥和钙镁磷肥。

(5)缺镁症　瓜类作物缺镁时，首先出现在下部老叶上，叶片中脉附近的叶肉失绿黄化，并逐渐扩大到整个叶片上，而叶脉仍保持绿色。因为镁是植物体内可移动的元素，并且是叶绿体的主要组成部分，植株缺镁时会阻碍叶绿素的形成，导致叶色失绿。防治方法：①提高地温，在坐瓜及果实膨大期保持地温在15℃以上。②多施农家肥，防止缺镁症的发生。③发生缺镁症状后可叶面喷施0.5%～0.1%硫酸镁溶液防治，每隔2～3天喷1次。

(6)缺硼症　表现为植株矮小，侧茎形成加快，主茎有时枯死；植株根系不发达，生长点死亡，花发育不全，果畸形。硼可促进作物花粉的萌发和花粉管的生长。缺硼症状在茎与叶柄处表现茎尖坏死，叶和叶柄脆弱易折断。茎、花蕾和肉质根的髓部变色坏死，折断后可见其中心部变黑。防治方法为叶面喷施0.1%～0.2%硼砂或硼酸溶液。

(7)缺锌症　瓜类作物缺锌时，顶芽不枯死，新叶产生黄斑，小叶呈丛生状，黄斑逐渐在全叶扩大。防治方法为叶面喷施0.1%～0.2%硫酸锌溶液。

2. 光照不足障害　主要出现在冬春季节日光温室甜瓜生产，往往伴随着低温胁迫，表现为植株生长发育缓慢，花器黄化凋萎而落花。如连续阴天，植株生长停止，落花落果，出现畸形果；植株花打顶，叶片褪绿，还会产生大量化瓜现象。

防治措施：①选用新薄膜，提高透光率。②清除落尘和积雪，保持薄膜面清洁。③在温室北部张挂反光幕，利用反光幕增加光照。④也可在坐果期进行人工补光，以减少化瓜现象的发生。补光时可按每9平方米面积用120瓦灯泡的比例安装电灯，灯泡距离植株和薄膜各50厘米左右。

3. 高温障害　在春末夏初季节，随着光照强度的逐渐增大，温室、大棚内中午温度可能过高，引起叶片、果实受害。温度过高，茎叶徒长，叶片变薄，茎秆变细，受害叶片轻者叶缘处被灼伤，重者整片叶子被灼伤，受伤叶片逐渐干枯；高温条件下甜瓜植株抗性减弱，花芽分化不好，坐果率降低，受害果实易发生畸形果，果面被烧伤。后期高温还会发生萎蔫症状，严重时全株茎叶枯干。

防治措施：①通过通风调节温度，保持棚内温度不超过32℃。②遮盖纱网或在薄膜上浇浑浊的泥水减弱光照强度。

4. 盐分积累障害　保护地多年生产盐分积累浓度过高，盐害在甜瓜上症状表现明显，常使甜瓜茎生长点萎缩，新叶褪绿，叶片瘦小变厚，叶片呈老化症状。根变褐色，根尖变钝。果实膨大不良，着色不好。植株生长不整齐，表现高低参差不齐。

防治措施：①增施有机肥，改善土壤理化性状。②在休闲时浇大水洗盐。③掺沙压盐。

5. 低温障害　甜瓜遇到低温遭冷害或冻害，叶片多呈白色或青枯，严重时生长点冻死或植株呈水渍状，后干枯死亡。轻微受冻时，往往花芽不分化或不生新根，部分老根发黄，植株生长停止，叶色变黄，顶叶细小，落花化瓜。

防治措施：①在温室前设防寒沟，屋面设置多层覆盖，提高棚内温度。②培育壮苗，促进根系发育。③在灾害性天气到来时采取临时加温措施。

6. 有毒气体生理障害　主要有害气体是氨气。产生氨气的主要原因是追施固体尿素、碳酸氢铵、硫酸铵等化肥，或大量施用未腐熟厩肥、鸡粪等有机肥，上述肥料在分解过程中产生大量氨气，氨气通过叶片的气孔或水孔侵入，受害部分初期呈水浸状，后逐渐呈白色或淡褐色，叶缘呈灼伤状，全株叶片由下往上从叶缘开始呈青枯状，严重时全株死亡。

防治措施：①有机肥必须腐熟。②含氮化肥作追肥时要少量多次随水追施。

（二）果实发育异常

1. 弱小果

(1)症状　表现为果实顶部和蒂部尖，顶部和蒂部膨大不良，形成鸭梨形状。

(2)发生原因　一般在低温期发生较多，在果实生长发育期，植株长势差也容易发生。原因是坐果过多，果实膨大期水分不足，营养输送不畅或花芽分化不良。

(3)防治方法　应合理安排播种期，采取适当的肥水管理措施，让肥水在膨大期充分发挥作用，让果实膨大期处在温度相对较高的季节，及时疏果。

2. 裂果

(1)症状　这是保护地甜瓜生产中最常见的现象。主要表现为果实脐部开裂，在网纹发生期还有大裂口发生。果实膨大期遇低温天气，幼果大量发生裂口。早春茬后期高温也会发生大量裂口。裂口程度因品种不同而异，有轻有重。

(2)发生原因　主要是由于土壤水分和空气温、湿度剧烈变化引起，露地甜瓜成熟期遇雨发生较多。

(3)防治方法　应选择适宜的品种。生育期进行适量浇水，避免土壤水分急剧变化。日光温室果实膨大后期避免昼夜温差较大。

3. 海绵果

(1)症状　果实因水分少，纤维多呈海绵状。纤维含量多的果实，纤维发达而薄壁细胞不发育，商品性很差。

(2)发生原因　是果实膨大期水分不足引起，在保肥涵水差的地块容易发生。

(3)防治方法　应适时浇水施肥，保证在果实膨大期有足够的水分供应。

4. 网纹发育不良

(1)症状　网纹不发生或网纹生成不均匀，表面隆起不良，不美观，容易形成僵果。

(2)发生原因　果皮硬化或在直射光对果皮局部强烈照射的情况下，网纹生成不良，植株生长势差。日照不足、低温等，都会影响网纹的生成。

(3)防治方法　栽培上可通过增强植株长势，加强光照和温度管理等措施加以防止。

5. 绿斑果

(1)症状　在果实表面上形成大小不同的绿斑或绿点，主要是幼果期果面受到刺激而引起的。

(2)发生原因　空气潮湿、日照不足，病虫危害，使用农药不当都有可能发生。

(3)防治方法　在栽培上应及时防治病虫害，控制施用药剂的浓度，采用套袋栽培等措施加以防范。

6. 发酵果

(1)症状　果肉呈水浸状。果面潮湿，并产生酒精发酵味。果实因品种而异，有轻有重。

(2)发生原因　可能是因为缺钙造成的。高温期植株长势降低引起钙的吸收不足产生发酵果。此外，采收过迟、光照过强、温度过高也会产生发酵果。

(3)防治方法　应适当控制氮、钾肥的施入量。保持土壤适宜的水分含量，不要过湿使植株根系处于缺氧状态。加强光照管理。成熟果实适时采收。

思考题

1. 甜瓜保护地栽培的病害主要有哪几大种？具体如何防治？
2. 甜瓜保护地栽培的害虫主要有哪几大种？具体如何防治？
3. 甜瓜生理性病害产生的原因及其防治措施如何？

第七章　甜瓜采收后处理技术

一、质量检测

甜瓜是适应性较强，变种、品种众多，果实大小与形状、果皮色泽与表面特征、瓜瓤颜色等变异较大。甜瓜果实的质量标准应依据品种类型和特性确定，基本指标主要评价其是否具有本品种的典型特性，如形状、色泽、质地、风味、洁净卫生程度、成熟度、各种机械伤害和病虫斑点等；可量化指标则主要评价同批次产品的达到程度和整齐一致性。

（一）外观等级标准

各种品种类型甜瓜果实应该具备的基本外观质量要求是：果实新鲜洁净、具有本品种应有的特征、大小、发育正常、形状端正、果皮颜色充分发育（有色果实）或充分褪绿转色（白色果实）；无网纹品种的果实表面光滑发亮、茸毛消退，网纹甜瓜品种果面上的网纹清晰、干燥、色深；具有贮运或市场要求的成熟度，果皮坚硬，果顶部分稍微变软，瓜柄发黄或自行脱落（落蒂品种）。无非正常外部潮湿，无霉变、腐烂或异味。甜瓜果实的外观质量一般进行目测衡量，哈密瓜和白兰瓜果实的外观指标标准见第二章表 2-5 和表 2-6。

（二）理化质量指标

理化指标是对甜瓜食用品质高低的内在要求。甜瓜果实在生长发育期间积累了大量的营养物质和能量，成熟时又经历了一系列复杂的生理生化过程，使其色泽、香气、风味和质地向消费品质变化。甜瓜质量的理化指标一般包括重量、果肉可溶性固形物含量（含糖量）和酸度，有时也包括果肉硬度。果实重量多用平均单果重度量，可用不同托盘秤或小磅秤称得。甜瓜果肉的可溶性固形物含量一般用折光仪（也称糖量计）测定，原理上包括果肉中的所有折光干物质，但主要是糖分，所以平时也将之粗略的称为“含糖量”。甜瓜果肉的酸度用含酸量来度量，一般用滴定法测定。甜瓜果肉的硬度表示单位面积承受压力的大小，是果实耐贮藏性能的重要指标，用果实硬度计测定。哈密瓜和白兰瓜果实的理化质量指标见表 7-1 和表 7-2。

表 7-1　哈密瓜果实的理化等级指标

指　标	品种特性	等　级	
		一等品	二等品
质量（千克）	具有本品种应有的大小	质量偏差≤8%	质量偏差≤10%
中部可溶性固形物含量（%）	早熟品种	≥13	≥12
	中熟品种	≥14	≥13
	晚熟品种	≥14	≥13
	中边梯度	≤2	≤3
可滴定酸含量（以柠檬酸计，%）		≤0.1	≤0.1

（三）卫生质量指标

卫生指标是对甜瓜果实食用安全性的要求，也是甜瓜质量标准体系的重要组成部分。非无公害甜瓜的质量标准一般不涉及卫生指标，无公害甜瓜的卫生质量标准见本书第二章之表 2-7，绿色食品甜瓜的卫生质量标准见表 2-8。甜瓜果实的卫生指标测定参照无公害或绿色食品标准规定的方法。

表 7-2 白兰瓜果实的理化等级指标

指 标	品种特性	等 级	
		一等品	二等品
质量(千克)	大果型	＞3.0	2.5～3.0
	中果型	＞2.5	2.0～2.5
	小果型	＞1.5	1.0～1.5
	质量偏差	＜8%	＜10%
中部可溶性固形物含量(%)	早熟品种	＞13	11～13
	中熟品种	＞14	12～14
	晚熟品种	＞14	13～14
	中边梯度	≤2	≤3
可滴定酸含量(以柠檬酸计,%)		≤0.1	≤0.1

二、清洗及防腐处理

(一)清 洗

清洗是采用浸泡、冲洗、喷淋等方式用清水冲洗甜瓜果实，既可去除表面污物、清洁果面、改善外观质量，又可减少病菌、降低果实温度，有利于减少运输和贮藏期间的腐烂损失，还能降低农药残留，提高果实卫生质量。

(二)防腐处理

目前甜瓜防腐处理，在国外已经形成商品化不可缺少的一个步骤，该措施可有效控制采后甜瓜腐烂。

1. 杀菌剂处理 甜瓜常用杀菌剂有：①嘧菌酯。该杀菌剂具有广谱、高效、残留量低等特点，甜瓜采用100毫克/千克的溶液浸瓜1

分钟处理,可有效控制采后病害。②抑霉唑。具有广谱、高效的特点,采后用0.01%的溶液浸瓜1分钟处理。③噻菌灵。属广谱、高效、低毒防腐剂,甜瓜用0.1%噻菌灵溶液多浸瓜1分钟处理。

2. 热处理 热处理是国内外广泛研究的一种物理保鲜技术,其主要优点是无化学残留、安全性高、简便有效,近年来在果蔬采后的病虫害防治方面正逐渐受到重视。目前,在甜瓜上应用已证明有明显控制采后病害的作用。①用55℃热水浸瓜3分钟或用60℃热水浸瓜1分钟。②用55℃、50毫克/千克嘧菌酯溶液浸瓜1分钟。

(三)打　蜡

打蜡就是在水果和蔬菜的表面喷、刷或涂一层薄膜涂料,起到调节生理、保护组织、增加光亮和美化产品的作用。果实涂料的种类越来越多,已不完全限于蜡质,其种类和配方很多,商业上应用的主要有石蜡、巴西棕榈蜡和虫胶等。也有一些涂料以蜡作为载体,加入一些化学物质,防止生理或病理病害,但使用前要注意使用范围。

三、分　级

(一)分级的设备与方法

甜瓜分级主要按照外观品质进行,一般是先进行大小或重量分级,再用人工从果形、新鲜度、色泽、品质、病虫害和机械伤等方面分出优劣级别。在进行大小或重量分级时,除凭目测和手测外,可以采用简单的器械或机器,如分级板、分级机等,以提高准确度和工作效率。人工挑选的主要目的在于剔除畸形、未熟、过熟、带虫眼、自然开裂、具有明显挤压擦刺伤和病斑的果实,以减少贮藏运输中的损失和病虫害的传播。并将剔出的残次品及时加工处理,以降低成本,减少浪费。挑选人员要熟练掌握分级规格和标准,精神集中,认真负责,逐个过目,仔细挑选。

(二)分级标准与方法

甜瓜的分级标准因品种而异。一般的做法是在果形、新鲜度、颜色、品质、病虫害和机械伤等方面符合要求的基础上,再根据大小分为若干等级,等级与大小规格根据不同品种特性,分别制定各自标准。一般以外观及大小、重量为依据分为以下级别。

(1)优质　同一品种,果形、色泽良好,无裂痕,无腐烂,无病虫害、药害及其他伤害。

(2)一级　同一品种,果形正常,色泽良好,无裂痕,无病虫害、药害及其他伤害。

(3)二级　同一品种,果形色泽次于一级,但仍保持本品种果实的基本特征,仍有商品价值。

四、预　冷

贮藏前的预冷。甜瓜采后带有田间热、体温高,因其含水量大,比热大,温度下降慢,影响甜瓜的品质,温度越高品质下降越快。因此,甜瓜采收后必须进行预冷。预冷最好在产地进行,而且越快越好。预冷不及时或不彻底都会增加产品的采后损失。

运输前的预冷。采摘下来的甜瓜不经预冷装入车内,由于果实温度较长时间降低不了,果温和车厢内温度相差较大,果实蒸发大量水分,使车厢内湿度很快增大,甚至在车厢顶部凝结水珠,水珠滴在瓜箱上,对果实运输极为不利。而装运经过预冷的瓜就不会出现这种现象,车厢内的空气相对湿度也低,一般在80%~90%。

预冷所要达到的温度,因品种、运输条件、贮期长短等不同而异。常见的预冷方法如下。

(一)自然降温冷却

自然降温冷却就是将采收后的甜瓜果实放在阴凉、通风的地方,让其所带的田间热自然散去。采用该法冷却所需时间较长,而且难于达到产品所需要的预冷温度。但是在没有更好的预冷条件时,自然降温冷却仍然是一种应用较普遍的好方法。

(二)水 冷 却

水冷却是用冷水冲、淋甜瓜或者将甜瓜果实浸在冷水中使其降温的一种冷却方式。由于产品的温度会使水温上升,因此冷却水的温度在不使甜瓜受害的情况下要尽量的低一些,一般在5℃～10℃。目前使用的水冷却方式有2种,即流水系统和传送带系统。水冷却器中的水通常是循环使用的,这样会导致水中腐败微生物的累积,使产品受到污染,因此应该在冷却水中加入一些化学药剂,减少病原微生物的交叉感染,如加入一些次氯酸盐。此外,水冷却器也要经常用水清洗。采用水冷却时,产品的包装箱要具有防水性和坚固性。

(三)真空冷却

真空冷却是将甜瓜果实放在坚固、气密的容器中,迅速抽出空气和水蒸气,使其表面的水分在真空负压下蒸发而冷却降温。压力减小时水分的蒸发加快,当压力减少到613.28帕(4.6毫米汞柱)时,就有可能将甜瓜连续蒸发冷却到0℃。真空冷却的速度和温度在很大程度上受产品的表面积与体积之比(表面积/体积)及真空罐抽真空速度的影响,因此不同大小的甜瓜果实真空冷却的效果有差异。真空冷却对产品的包装有特殊要求,包装容器要求能够通风,便于水蒸气散发出来。

(四)强制通风冷却

强制通风冷却是在包装箱堆或垛的两个侧面造成空气压差而进行的冷却,当压差不同的空气经过货堆和包装箱时,将甜瓜果实散发的热量带走。如果配上适当的机械制冷和加大气流量,可以加快冷却的速度。强制通风冷却所用的时间比一般冷库预冷要快4～10倍,但比水冷和真空冷却所用的时间至少长2倍。

(五)冷库空气冷却

冷库空气冷却是将甜瓜果实放在冷库中降温的一种冷却方式,当制冷量足够大及空气以1～2米/秒的流速在库内和容器间循环时,冷却的效果最好。因此,堆码的垛与包装容器之间都应该留有适当的空隙,保证气流通过。如果冷却的效果不佳,可以使用有强力风扇的预冷间。目前国外的冷库都有单独的预冷间,冷却间每天或每隔1天进出货物1次,冷却的时间为18～24小时或者更长的时间。冷库空气冷却时容易导致甜瓜果实失水、失鲜,应注意保持较高的库内相对湿度。

(六)简易预冷技术

在没有制冷条件的地方,可以采用简易的蒸发冷却器先使空气降温,再用以冷却甜瓜果实。蒸发冷却器一般包括蒸发器和鼓风机两大部分。蒸发器为方形或长方形带百叶窗的箱体,内置多层具有高度吸水性的材料,当鼓风机送来的干热(相当于大气温度)空气通过蒸发器时,自身所带热能被大量用于箱内材料表面的水分蒸发,降为10℃～15℃(依热空气温度和箱内蒸发表面积大小而异)的冷空气,将之送入散堆或箱装的甜瓜,有显著的除热降温效果。

五、包　装

合理的包装是水果商品化、标准化、保证实全运输和贮藏的重要措施。科学的包装可以减少水果在贮运、装卸过程中造成的机械损伤，防止病虫害蔓延，对运输和延长贮藏寿命有密切的关系。

甜瓜的包装是销售的一个重要环节，往往直接影响到营销的经济效益。包装规格的大小、样式、封面设计等都要以消费者喜爱为标准，做到搬运方便，美观大方，经济实用，封面体现产品要醒目。甜瓜的包装，也是甜瓜保鲜重要一环。不同甜瓜品种，有不同的包装要求。包装对甜瓜来说至少有 3 方面作用：一是保护作用，防止压挤碰损伤甜瓜，这是最重要的。二是美观大方。三是方便运输。良好、科学的包装，可以大大提高甜瓜的附加值。

（一）包装容器的要求

包装容器应该具有美观、清洁、无异味、无有害化学物质、内壁光滑、卫生、重量轻、成本低、便于取材、易于回收及处理。纸箱无受潮、离层现象，鲜果包装用的纸箱要求负压 200 千克以上，24 小时无明显变形。并在包装外面注明商标、品名、等级、重量、产地、特定标志及包装日期等。包装除了应具备上述特点和要求外，根据其本身的特性，还应具备以下特点。

第一，有足够的机械强度，以保护产品，避免在运输、装卸和堆码过程中造成机械伤。

第二，有一定的通透性，以利于产品在贮运过程中散热和气体交换。

第三，有一定的防潮性，以防止包装容器吸水变形而造成机械强度降低，导致产品受伤而腐烂。

（二）包装容器的种类

1. 外包装

（1）纸箱及木箱　纸箱目前是我国甜瓜长途运输采用的主要包装。新疆哈密瓜纸箱规格为长 52 厘米、宽 42 厘米、高 21 厘米。

每箱装3个瓜，瓜与瓜之间用瓦楞纸隔开，以减少在运输途中的碰撞和摩擦。甘肃主产的白兰瓜个头稍小，每箱装6个瓜。木箱结构牢固，能较长期使用，但资源有限。日本对甜瓜包装比较注意，每2个或4个甜瓜装一个较美观的木盒子，周围有衬垫，商品完整无损，非常新鲜，美观好看。

(2)塑料周转箱　塑料周转箱码垛方便，能重复使用，在冷藏中使用较多。

2. 内包装　加内包装可以减少磕碰、挤压造成的损伤，减少果实的机械伤和病菌的传染和蔓延，还可起到一定的保湿作用。甜瓜常采用纸或泡沫网套包装单个果实，然后放入外包装容器中。

(1)泡沫塑料网袋　外销甜瓜由于运输的距离远，在途中碰撞颠簸，仍然有相当数量的甜瓜被碰伤。采用发泡塑料网袋作为内包装，代替瓦楞纸，结果表明，不论用汽车或火车，采用改进的内包装，大大地降低了甜瓜在运输过程中的损伤。较理想的包装是耐压的纸板箱，哈密瓜每箱装3～4个，白兰瓜每箱装6个。内包装是每个瓜加用泡沫塑料网袋保护。这样，可以大大地减少贮运过程中的损伤。

(2)单果包装　用白纸或塑料薄膜进行单瓜包装，可以有效减少甜瓜运销期间的机械损伤和蒸腾失水。

六、贮　藏

(一)选择耐藏品种

甜瓜果实的耐贮性与品种的关系极大。一般来说，晚熟品种比较耐藏，而中早熟品种的耐贮性能较差。因为晚熟品种在果实发育后期气温较低，昼夜温差较大，营养物质积累较多，对低温适应性较强，并对病菌表现出较强的抗性。一般晚熟品种果实厚而坚韧、有弹性、肉质致密，而早熟品种一般只适于就地销售，不适宜于久藏或长距离运销。

(二)适期采收

甜瓜果实的成熟程度不仅影响到果实的品质,还影响到其耐贮性和抗病性。长途运输和贮藏用的甜瓜应在适采成熟度(约八成熟时)采收。

(三)减少机械伤害

机械伤害会刺激甜瓜果实呼吸升高,耐贮性下降。还会因内容物外泄而招致病菌侵染,并相互污染,导致腐烂迅速发生,极大地缩短货架期和贮藏期。甜瓜果实在采收、清洗、包装和装卸车操作等过程中要注意轻拿轻放,尽可能减少转运环节。田间运输、短途集散和长途运输要避免超载,并进行适当包装防护,以减少挤、压、擦、刺等机械伤害。

(四)适宜的贮藏条件

1. 温度　适宜的贮藏温度是保持甜瓜优良品质、减少采后腐烂和延长贮藏期的重要条件。高温加速甜瓜果实的衰老和腐烂,不利于长期贮藏。低温贮藏可以延缓甜瓜果实的生理衰老、抑制病菌侵染,但甜瓜果实对低温敏感,易发生冷害。发生冷害的甜瓜果实抗病性和耐贮性下降,导致货架期缩短,商品价值降低。据研究,白兰瓜在5℃～8℃下就会发生冷害,硬皮甜瓜冷害临界温度为2℃～5℃,哈密瓜为2.5℃～4.5℃,其中青麻皮、卡拉库赛的冷害临界温度在0℃～3℃。所以,哈密瓜的适宜贮藏温度在2℃～6℃,白兰瓜的适宜贮藏温度在6℃～8℃,其他类型甜瓜的适宜贮藏温度介于这两者之间。

冷害是影响甜瓜贮藏效果的关键原因。哈密瓜类型甜瓜品种冷害症状的初期表现为果面出现不规则的小斑点,以后斑点相连,发展成不规则的下陷块，但不出现水浸斑。网纹甜瓜的冷害症状为果面产生褐色凹陷，大小不一，多沿网纹的走向、靠近网纹两侧发生，在果面形成凹凸不平斑块；网纹少的甜瓜在果面形成斑驳不均的斑块，果实失水皱缩。白兰瓜果实发生冷害的第一阶段症状为果实表面出现大小不等的水浸状斑，水浸斑剖面处皮下果肉组织出现明显糠化，失去弹性，显现水渍斑；6～9 天后出现第二阶段症状，果实表面开始出现下陷斑；第三阶段的症状表现为下陷斑部位褐变、面积逐渐扩大，合并出现真菌性病害，果实迅速腐烂，失去商品价值。不同品种白兰瓜，果实冷害症状的第二和第三阶段有不同表现。第一类下陷斑数量较少，果面迅速大面积褐变，最后果实表面大部分变褐，褐变阶段持续时间较长，合并真菌病害发生较慢较轻。第二类症状表现为下陷斑较小，数目较多，褐变发生较晚，且多局限于下陷斑部位，呈小斑点状，褐变发生后真菌病害迅速蔓延，果实快速腐烂。

2. 空气相对湿度 湿度是影响甜瓜品质的重要因素之一。湿度低，甜瓜损耗多，严重时，甜瓜失水萎缩，影响商品价值。由于库内通风换气使贮藏库内湿度下降，所以要给库内适当加湿，一般以相对湿度 80%～90%为宜。

3. 气体成分 在贮藏适温条件下，贮藏环境随着氧分压的下降，乙烯释放速率也明显下降，而提高二氧化碳的浓度可以抑制乙烯的生理作用。赵华等研究认为环境中氧气浓度为3%～8%，二氧化碳浓度为 0.5%～2%可有效地抑制甜瓜的乙烯生成和降低呼吸强度。甜瓜贮运时，产品周围空气中积聚自身释放的乙烯和其他挥发性物质，如果不及时排除，对贮运极为不利。乙烯是致熟剂，随着成熟乙烯生成量增加，若不及时排除，则会促进果实内乙烯的释放速度加快，成为一种恶性循环。调节贮运环境中空气成分，可采用不透气的塑料薄膜包装，利用呼吸自然降低包装内氧气浓度，增加二氧化碳浓度，以达到延长贮藏保鲜目的。

(五)贮藏方法

1. 常温贮藏法　贮藏场地尽可能选择阴凉通风场所，普通民房、仓库、草棚都可用来贮藏甜瓜。如选择地下室、地窖作为贮藏库，应采取通风措施。甜瓜进库时，用太阳晒过的凉干草垫底，尽量保持温度稳定，并采取降湿措施，使库内相对湿度控制在85%～90%，10天后相对湿度以70%～80%为宜。可采用堆藏、架藏、筐藏等方式。堆藏可在一般场所、仓库就地散堆，厚度为3～4层，不宜过高。架藏是用角铁、毛竹、木条或其他材料做成固定竖式分层架贮甜瓜。每一层垫板要做成留有缝隙的栅状，两个竖架之间需留有过道。各种类型的有利于通风的筐、箱都可以用于筐藏，如柳条筐、竹筐、有缝木箱等。先把甜瓜放入筐中，筐上部留一定空隙，一般为筐高的1/5，然后把筐交叉叠起。常温贮藏期间特别要注意通风，在不受冷害的前提下，尽量要求较低的温度，尤其是夜间，贮藏室的门窗应全部打开，通风降温，最好维持在8℃～10℃，如在地下室、地窖中贮藏，则应装置排气扇，每天排风几次，每次约半小时。入库前瓜房、瓜架要用甲醛喷洒或用硫黄熏蒸消毒。平时需经常检查，每隔7～8天倒瓜1次，发现病瓜、烂瓜及时剔除，并进行局部消毒，但不要随意弹瓜。常温贮藏法，一般贮期15～20天，中长期30～45天。

2. 冷藏法　冷藏甜瓜的适宜成熟度为约八成熟，贮藏温度宜在6℃～8℃。相对湿度控制在85%左右，不宜超过90%，不可低于80%。堆放时不要直接放在地上，应摆在消过毒的货架上，高度以3层为宜。冷藏甜瓜采收处理后，必须预冷2～3天，方能进入冷库。贮藏期间管理主要是使库内保持相对稳定的温度和湿度，发现烂瓜及时剔除。也可租用闲置冷库箱藏，下层箱底用木板垫高15～30厘米，堆高10～20箱，库温控制在3℃～4℃，可以贮藏1个月不烂。

3. 其他贮藏方法

(1) 窖藏　瓜入窖前每10立方米用硫黄3克对瓜窖进行全面消毒。采收的甜瓜在阴凉处降温后，排放在铺沙子的地面上，层间放秸秆隔开，以利于通风。甜瓜最适宜的贮藏温度为8℃～10℃，适宜的相对湿度为85%～90%。贮藏期间要定期检查，及时剔除烂瓜。

(2) PVA袋贮藏　采用PVA袋、聚乙烯袋单瓜包装，然后放入窖内，温度控制在8℃。试验表明，贮藏35天，腐烂率仅1.9%。

(3) 减压贮藏　将甜瓜放在塑料袋内，再在袋内放少量硅胶及亚硫酸氢钠，并将袋内气体抽出，使袋贴在瓜上，然后将瓜放在窖内，哈密瓜温度控制在3℃～4℃，相对湿度保持90%左右。

(4)气调贮藏　在半地下窖内，将甜瓜装在箱或筐内，外罩聚乙烯薄膜帐，采用充氮降氧方法，使气体成分中氧的含量为2.5%，二氧化碳为1%～3%，接近贮藏网纹甜瓜的适宜条件。

思考题

1. 一般对甜瓜质量都有哪些方面的要求，具体如何检测？
2. 根据你当地的市场需求，甜瓜应该如何分级和包装？
3. 对甜瓜果实进行预冷的主要方法有哪些？
4. 提高甜瓜耐贮运的措施有哪些？
5. 进行甜瓜果实冷藏应该特别注意防止什么问题出现？

附录 甜瓜生产年历

附表1 甜瓜生产年历

月 份	旬	生产设施	茬 口	农事管理
1	上、中	日光温室	秋冬茬	1. 采收、销售； 2. 田园清洁
1	中、下	日光温室	早春茬	1. 育苗； 2. 扣棚暖地、整地施肥、做畦、覆膜
2	上、中	日光温室	早春茬	1. 移栽定植； 2. 苗期管理
2	下	塑料大棚	春提前	制订生产计划，购买生产资料
3	上	日光温室	早春茬	1. 吊蔓、整枝、浇水、施肥； 2. 病虫害防治
3	中、下	塑料大棚	春提前	1. 搭建棚室、扣膜暖棚； 2. 整地施肥、做畦覆膜； 3. 播种定植
3	下	小拱棚	春提前	制订生产计划，购买生产资料
4	上	日光温室	早春茬	1. 整枝授粉、留瓜、吊瓜、浇水施肥； 2. 病虫害防治
4	上	小拱棚	春提前	1. 整地； 2. 播种或移栽定植
4	中	塑料大棚	春提前	整枝、浇水施肥
4	下	小拱棚	春提前	苗期管理

续附表 1

月份	旬	生产设施	茬口	农事管理
5		日光温室	早春茬	整枝、浇水施肥、采收、销售
		塑料大棚	春提前	吊蔓、授粉、浇水、施肥、病虫害防治
		小拱棚		1. 苗期管理； 2. 中旬撤棚
		露地栽培	正　茬	1. 整地、播种； 2. 苗期管理
6	上	日光温室	早春茬	拉秧、清洁田园
	中	塑料大棚	春提前	采收、销售
	下	小拱棚		1. 整枝、浇水、施肥； 2. 病虫害防治
		露地栽培	正　茬	露地田间管理(整枝、浇水、施肥)
7	上	日光温室	春提前	深翻晒土、高温闷棚
	中	塑料大棚		拉秧、清洁田园
	下	小拱棚		1. 采收、销售； 2. 拉秧、清茬、翻地
8	上	露地栽培	正　茬	1. 采收、销售； 2. 清茬、翻地
		日光温室	秋冬茬	播种育苗
	中			苗期管理
	下			
9	上			1. 移栽定植； 2. 扣膜； 3. 吊蔓整枝
	中			
	下			

续附表 1

月份	旬	生产设施	茬口	农事管理
10	上	日光温室	秋冬茬	1. 伸蔓期管理； 2. 中下旬加盖草帘； 3. 整枝
	中			
	下			
11				1. 授粉、留瓜； 2. 浇水、施肥、病虫害防治
12				1. 浇水、施肥、病虫害防治； 2. 采收、销售

技术 8.00元
苹果高效栽培教材 4.50元
苹果病虫害防治 10.00元
苹果病毒病防治 6.50元
苹果园病虫综合治理（第二版） 5.50元
苹果树合理整形修剪图解(修订版) 12.00元
苹果园土壤管理与节水灌溉技术 6.00元
红富士苹果高产栽培 8.50元
红富士苹果生产关键技术 6.00元
红富士苹果无公害高效栽培 15.50元
苹果无公害高效栽培 9.50元
新编苹果病虫害防治技术 13.50元
苹果病虫害及防治原色图册 14.00元
苹果树腐烂及其防治 9.00元
怎样提高梨栽培效益 7.00元
梨树高产栽培(修订版) 10.00元
梨树矮化密植栽培 6.50元
梨高效栽培教材 4.50元
优质梨新品种高效栽培 8.50元
南方早熟梨优质丰产栽培 10.00元
南方梨树整形修剪图解 5.50元
梨树病虫害防治 10.00元
梨树整形修剪图解(修订版) 6.00元
梨树良种引种指导 7.00元
日韩良种梨栽培技术 7.50元
新编梨树病虫害防治技术 12.00元
图说梨高效栽培关键技术 8.50元
黄金梨栽培技术问答 10.00元
梨病虫害及防治原色图册 14.00元
梨标准化生产技术 12.00元
桃标准化生产技术 12.00元
怎样提高桃栽培效益 11.00元
桃高效栽培教材 5.00元
桃树优质高产栽培 9.50元
桃树丰产栽培 4.50元
优质桃新品种丰产栽培 9.00元
桃大棚早熟丰产栽培技术(修订版) 9.00元
桃树保护地栽培 4.00元
油桃优质高效栽培 10.00元
桃无公害高效栽培 9.50元
桃树整形修剪图解（修订版） 6.00元
桃树病虫害防治(修订版) 9.00元
桃树良种引种指导 9.00元
桃病虫害及防治原色图册 13.00元
桃杏李樱桃病虫害诊断与防治原色图谱 21.00元
扁桃优质丰产实用技术问答 6.50元

葡萄栽培技术(第二次修订版) 9.00元
葡萄优质高效栽培 12.00元
葡萄病虫害防治(修订版) 8.50元
葡萄病虫害诊断与防治原色图谱 18.50元
盆栽葡萄与庭院葡萄 5.50元
优质酿酒葡萄高产栽培技术 5.50元
大棚温室葡萄栽培技术 4.00元
葡萄保护地栽培 5.50元
葡萄无公害高效栽培 12.50元
葡萄良种引种指导 12.00元
葡萄高效栽培教材 4.00元
葡萄整形修剪图解 4.50元
葡萄标准化生产技术 11.50元
怎样提高葡萄栽培效益 9.00元
李无公害高效栽培 8.50元
李树丰产栽培 3.00元
引进优质李规范化栽培 6.50元
李树保护地栽培 3.50元
欧李栽培与开发利用 9.00元
李树整形修剪图解 5.00元
杏标准化生产技术 10.00元
杏无公害高效栽培 8.00元
杏树高产栽培(修订版) 5.50元
杏大棚早熟丰产栽培技术 5.50元
杏树保护地栽培 4.00元
仁用杏丰产栽培技术 4.50元
鲜食杏优质丰产技术 7.50元
杏和李高效栽培教材 4.50元
李树杏树良种引种指导 14.50元
怎样提高杏栽培效益 7.00元
怎样提高李栽培效益 7.00元
梨树良种引种指导 7.00元
银杏栽培技术 4.00元
银杏矮化速生种植技术 5.00元
李杏樱桃病虫害防治 8.00元
梨桃葡萄杏大樱桃草莓猕猴桃施肥技术 5.50元
猕猴桃标准化生产技术 12.00元
猕猴桃贮藏保鲜与深加工技术 5.50元
柿树良种引种指导 7.00元
柿树栽培技术(第二次修订版) 7.00元
柿无公害高产栽培与加工 9.00元
柿子贮藏与加工技术 5.00元
柿病虫害及防治原色图册 12.00元
甜柿标准化生产技术 8.00元
枣树良种引种指导 12.50元

以上图书由全国各地新华书店经销。凡向本社邮购图书或音像制品,可通过邮局汇款,在汇单“附言”栏填写所购书目,邮购图书均可享受9折优惠。购书30元(按打折后实款计算)以上的免收邮挂费,购书不足30元的按邮局资费标准收取3元挂号费,邮寄费由我社承担。邮购地址:北京市丰台区晓月中路29号,邮政编码:100072,联系人:金友,电话:(010)83210681、83210682、83219215、83219217(传真)。